아프리카
종단여행 260일

아프리카
이리 재미날
줄이야

아프리카 종단여행 260일

아프리카 이리 재미날 줄이야

초판 2쇄 발행 2023년 11월 8일

글 안정훈
펴낸이 최향금
펴낸곳 에이블북

주소 서울시 노해로 70길 54
등록 제2021-000032호
전화 02-6061-0124
팩스 02-6003-0025
메일 library100@naver.com

ISBN 979-11-978512-1-6 (03980)

아프리카
종단여행 260일

아프리카
이리 재미날
줄이야

안정훈 지음

ABLE
BOOK

추천사 1

여행 유튜버 **빠니보틀**

 다합에서 특별한 노년의 여행자를 만났다. 첫 만남에서, 뭐라고 불러야겠냐고 물으니 나보다 나이가 두 배나 더 많은 그분은 형님이라 부르라고 했다. 그때부터 '정훈 형님'이 되었다.

 그런 그가 아프리카 여행기를 냈다고 하니 신기했다. 20~30대 젊은 여행자에게도 쉽지 않은 아프리카를 70이 넘은 나이에 도전했다니 더욱 놀랍다. 이 책은 아프리카를 찾는 사람들에게 훌륭한 나침반이 되어줄 것이다.

추천사 2

여행 유튜버 **캡틴따거**

공군에서 4년간 복무하고 대위로 전역한 후 여행 크리에이터의 삶을 살고 있다. 여행을 하다 주위 사람들이 '장군님'이라고 부르는 분을 만났다. 알고 보니 같은 공군, 심지어 같은 특기의 30년 선배님이셨다. 군에서 만났다면 말 한 번 건네기 힘든 별과 다이아몬드.

여행자의 마을 다합에서 처음 만났을 때 우린 거리낌 없이 '형'과 '동생'이 되었다. 두 배 차이나는 나이와 하늘과 땅 같은 계급은 다합 앞바다에 두고 왔다. 우린 같은 군 생활을 추억하는 여행자였다.

정훈 형님이 다합을 떠나 리얼 아프리카 여행을 가신다는 얘길 듣고 걱정이 앞섰다. 아프리카는 베테랑 여행자에게도 쉽지 않은 곳이다. 이 책은 아프리카 여행의 신비함을 담고 있다. 내 첫 여행지가 아프리카였던 만큼 정말 재미있게 읽었다. 정훈 형님의 아프리카는 도전이 넘쳤다. 현역 때는 나라와 공군을 위해서, 이후에는 자신을 위해 도전을 끊임없이 해나가는 정훈 형님의 아프리카 여행기를 응원한다!

A-FRICA는 HIP-FRICA였다

가보기 전에 상상했던 아프리카는 HOT할 것 같았다. 열정이 넘치는 땅일 거라 생각했다. 직접 가서 보니 아프리카는 HIP했다. 개성과 매력이 넘쳤다. 돌아와서는 MONG(夢)하다. 아프리카는 핫하고 힙하고 몽한 묘한 끌림의 땅이다.

TV나 유튜브 등에서 아프리카를 보면 흥미롭다. 그런데 아프리카에 가서 직접 보면 재미를 넘어 감동에 푹 빠져버리고 만다. 아프리카는 멀고도 낯선 데다가 불편하다는 선입견을 갖고 있었다. 직관해보니 많이 달랐다. 사람 사는 곳은 어디나 비슷하다. 그들도 행복하게 잘살려고 열심히 노력한다. 다만 피부색이 다르고 동물들이 많다는 게 달랐다. 지하자원이 풍부해서 부정부패만 없다면 크게 발전할 수 있는 조건을 갖추고 있었다.

아프리카는 여행 인프라가 열악한 탓에 상당히 불편하고 여행 경비가 비싸며 여행 난이도가 가장 높다고들 말한다. 내가 실제로 다녀보니 꼭 그렇지만도 않았다. 한국에서 한 달 쓰는 돈이나 아프리카에서 한 달 사는 비용이나 비슷했다. 쓰기 나름이다. 그렇다고 내가 몸을 힘들게 하면서 돈을 아낀 건 아니다. 먹고 자고 이동할 때는 가성비를 따져 선택해서 큰 고생하지 않고 다녔다.

여행을 즐겁고 편하게 하려면 여행 노하우, 즉 여행의 기술이 있어야 하는데, 아프리카는 더욱 그러한 곳이다. 여행 경험이 별로 없어 아직 노하우가 없다면 사전에 충분한 정보를 파악하고 준비를 더 철저히 해야만 경제적이고 보람찬 여행을 할 수 있다.

그리고 아프리카 하면 가장 염려하는 게 안전 문제다. 각종 사건 사고가 많이 발생해서 치안이 불안하다. 북부보다 남부, 동부보다 서부로 갈수록 위험도가 더 높아진다. 각자가 긴장하고 조심하고 수칙을 잘 지키는 게 최선이다.

첫 번째 세계 일주를 할 때 우크라이나, 멕시코, 남미와 피지 등지에서 도난과 소매치기와 강도를 당한 경험이 있다. 그러나 두 번째 세계 일주를 하면서 갔던 아프리카에서는 한 번도 당하지 않았다. 특별한 비법 같은 건 없다. 그냥 과거의 뼈아픈 경험을 되새기며 기본 원칙과 안전 수칙을 잘 지켰기 때문에 사고를 예방할 수 있었다.

지금까지 107개 나라를 여행하면서 깨달은 건 사건 사고가 전무한 안전 국가는 지구상 어디에도 없다는 것이다. 매사 불여튼튼이다. 하지 말라는 거 하지 않고 하라는 대로 하면 사고는 예방할 수 있다.

아프리카로 가는 길은 험난했다

5년 전, 65세가 되던 해 나는 인생의 마지막 여행이라 생각하고 한국을 떠났었다. 고군분투하며 2년 동안 49개 나라를 유랑했다. 돌아와서 1년 4개월 동안 노트북과 씨름하며 책을 썼다. 《철부지 시니어 729일간 내 맘대로 지구 한 바퀴》다. 그때 오대양 육대주를 두루두루 다 밟아봤는데 아프리카는 모로코 한 나라밖에 못 가봤다. 다음번에 꼭 다시 와서 아프리카의 서사를 제대로 직관하리라 다짐했었다.

그러나 귀국하자마자 코로나가 시작되고 2년여를 갇혀서 지냈다. 계획했던 '유라시아 대륙 자동차 횡단 여행'도 물거품이 되어버렸다. 1년은 전국 방방곡곡을 여행하며 보냈다. 또 1년은 제주도에서 일 년 살이를 하며 올레길을 6바퀴나 돌았다. 하지만 터널의 끝은 보이지 않았다. 그래서 무조건 2021년 12월에는 떠나기로 마음먹었다.

서울로 올라와 떠날 준비를 하고 있었는데. 아내가 코로나19 백신 후유증으로 갑자기 세상을 떠나버렸다. 허망함에 망연자실했다. 이러다 죽겠구나 싶었다. 그때 내 사정을 잘 아는 절친인 이동훈 병원장이 딴소리 말고 어서 나가라고 등을 떠밀었다. 딸들도 지지해주었다. 주섬주섬 대충 챙겨서 야밤에 피난 떠나듯 2021년 12월 8일 한국을 떠났다. 그렇게 해서 튀르키예와 조지아를 거쳐 아프리카로 갔다.

여행은 놀이다

아프리카 여행을 시작하기 전에는 걱정도 많이 하고 각오도 단단히 했었다. 그러나 다녀보니 다른 대륙의 나라들과 크게 다를 게 없었다.

어쩌다 오대양 육대주를 두루 다녔다. 그중 어디가 제일 만족스럽냐고 묻는다면 답은 아프리카다. 아프리카 여행의 맛이 최고다. 나만의 스타일로 여행했다. 느릿느릿 게으름도 피우며 여유 있게 다녔다. 얻은 게 참 많다. 젊은 여친들(여행 친구들)을 많이 만나서 소중한 인연을 맺고 지금까지 좋은 관계를 유지하고 있다. 여친들은 모두가 나보다 젊다. 그들에게서 배울 게 많았다. 청춘과 어울리며 나도 모르게 젊어지고 성장했다. 여행은 걸으면서 즐기고 배우는 로드스쿨이다.

260일간 11개의 아프리카 나라들을 여행하며 몸과 마음이 다 건강해졌다. 치유와 회복은 어려운 게 아니더라. 신나고 즐겁게 살면 저절로 좋아지는 거더라. 남의 일에 신경 쓰고 참견할 겨를이 없다. 나에게만 집중해야 한다. 매일 뚜벅뚜벅 걷는 게 최고의 보약이었다.

그리고 혼자서도 잘 놀 줄 알게 되었다. 지금은 '공자 노자 장자'의 시대가 아니라 '가자! 보자! 놀자!'의 시대다. 여행은 설렘이고 도전이고 모험이고 용기다. 여행은 즐거운 놀이다. 여행은 자유다. 그래! 가서 희랍인 조르바처럼 춤을 추어보는 거다.

웰다잉(well-dying)! 그게 별거냐? 하고 싶은 거 하면서 즐겁게 살다가 때가 되면 미련 없이 소풍을 마치는 게 웰다잉이지. 아쉬울 게 뭐냐? 겁나고 두려울 일도 없다. 힘들면 천천히 가면 된다. 하고 싶은 것 참으며 오래 살기보다는 하고 싶은 짓 실컷 하다가 원 없이 죽는 게 낫다. 자유로운 영혼으로 춤추며 살기로 결심했다.

나의 마지막 위시리스트의 땅 아프리카를 홀로 유랑한 내가 대견하다. 그때만큼은 나도 청춘이었다. 그날들이 너무 즐거웠기에 그립다. 아프리카를 가보고 싶은 사람들에겐 나의 경험이 힘과 용기를 주고, 갈 수 없지만 관심과 흥미를 갖고 있는 사람들에겐 대리 만족을 주었으면 좋겠다.

아프리카 11개국 260일 종단여행 지도

이집트
알렉산드리아
카이로 • 다합
• 후르가다
룩소르
• 아스완
• 아부심벨

에티오피아
• 아디스아바바

우간다 **케냐**
캄팔라 • 나쿠루
부뇨니 • • 크레센트섬
마사이마라 • 나이로비
르완다
킬리만자로 • 몸바사
• 와시니
탄자니아 • 능귀
• 잔지바르섬

잠비아
• 루사카
리빙스턴 •

나미비아 오카방고 **짐바브웨**
• • 마운
빈트후크
스바코프문트 • **보츠와나**
가보로네 •

**남아프리카
공화국**
• 케이프타운

CONTENTS

Ⅰ 북아프리카 : 이집트

2 동아프리카 : 케냐, 에티오피아, 탄자니아, 우간다, 르완다

3 남아프리카 : 잠비아, 짐바브웨, 보츠와나, 남아공, 나미비아

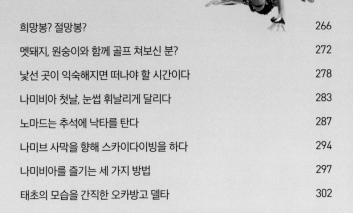

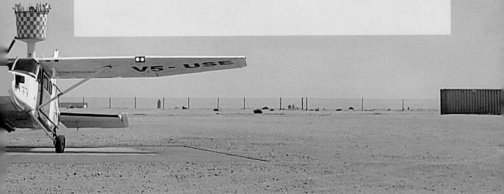

1

북아프리카

이집트

다합 → 카이로 → 다합 → 후르가다 →
룩소르 → 아스완 → 아부심벨 → 아스완 →
다합 → 알렉산드리아 → 카이로

아프리카 여행의 첫 번째 나라인 이집트에서 의도치 않게 92일
간 지냈다. 그중에서도 다합은 장기 배낭여행족에게는 블랙홀이
다. 이집트에서 치유와 회복의 시간을 보냈기에 9개월간의 아프
리카 여행을 무사히 마칠 수 있었다. 이집트 다합은 아프리카 여
행을 준비하고 적응하는 베이스캠프였다.

가자,
아프리카로!

안 작가가 아프리카로 간 까닭은?

2021년 12월 아내가 코로나19 백신을 맞고 쇼크로 세상을 떠났다. 장례를 치르고 나자 멘탈이 무너지면서 번아웃 증후군이 생겼다. 죽음이 가깝게 느껴질 만큼 하루하루가 힘들었다. 갈등 끝에 노마드로 지구별을 유랑하다가 길 위에서 죽는 게 낫다고 마음을 정했다.

아프리카로 가야만 한다는 생각이 들었다. 첫 번째 세계 일주를 할 때 2년간 오대양 육대주를 두루 돌아다녔다. 다만 아프리카는 모로코밖에 못 가봤다. 가족들이 위험하다고 극구 말리는 바람에 어쩔 수 없이 지브롤터해협을 건너 유럽으로 회군했었다. 그때 선상에서 아프리카를 바라보며 다짐했다. 나중에 반드시 아프리카를 제대로 돌아보겠다고. 하지만 아프리카는 코로나로 빗장을 걸어 잠근 채 내게 문을 열어주지 않았다. 일단 아프리카와 가까운 곳으로 가서 자리 잡고 때를 기다리기로 했다.

튀르키예에서 코로나에 걸리다

2021년 12월 8일 한국을 떠났다. PCR 검사나 비자가 필요 없고 지중해성 기후라 겨울에도 별로 춥지 않으면서 아프리카와 가까운 튀르키예(터키)로 갔다.

이스탄불에 도착했지만 힘도 빠지고 아무런 의욕이 없었다. 우선 몸을 쉬게 하는 게 나을 것 같아 유럽인들의 휴양지로 소문난 안탈리아로 갔다. 몸 상태는 점점 더 안 좋아졌다. 열이 나고 기침에다 콧물 그리고 목이 아프고 냄새를 맡을 수가 없었다.

드디어 걸렸구나 싶었다. 에어비앤비로 얻은 주방이 딸린 방에서 투병을 시작했다. 다행히 안탈리아는 겨울에도 따뜻했다. 힘들었지만 방 안에 누워 있지 않고 매일 해변길을 사부작사부작 걸었다. 홀로 아스피린을 삼키며 맞섰다. 한 달이 지나서야 증상이 사라졌다.

코로나19를 이겨낸 뒤 조지아로 갔다. 아제르바이잔과 아르메니아까지 가볼 생각이었다. 그러나 내 몸이 완전히 회복되지 않아 추운 겨울 날씨를 감당할 수가 없었다. 영하로는 내려가지 않는 날씨인데도 찬바람이 뼛속으로 파고드는 것 같았다. 도저히 버틸 수가 없었다. 긴급 피난을 서둘렀다. 따뜻한 나라, 코로나 관련 복잡한 서류가 필요 없는 나라, 비자가 없어도 입국이 가능한 나라를 찾았다. 하늘이 도왔는지 이집트가 아프리카 국가 중에 맨 처음으로 각종 규제를 풀고 여행객을 받아들인다는 발표가 났다.

생각을 바꾸니 여행이 편해졌다

조지아에서 열흘째 되던 날 바로 이집트 다합으로 가는 비행기표를 끊었다. 가장 요금이 저렴한 튀르키예에서 환승하는 비행기편이었다. 그런데 조지아의 바투미 공항에서 티켓팅을 하는 데 문제가 생겼다.

창구에서 튀르키예 입국에 필요한 헬스 코드(튀르키예 보건국에 입국 전에 미리 인터넷으로 등록하는 온라인 건강 문진 답변서)를 보여달라고 했다. 한 달 반 전 튀르키예에 입국할 때 등록해둔 게 있어서 자신만만하게 내밀었다. 하지만 다시 입국할 때는 새로 등록해야 하니 항공사 사무실로 가서 발급받은 뒤 꼭 출력본을 가져오란다. 전에도 인터넷으로 등록한 경험이 있어서 직접 해봤다. 그런데 나도 해보고, 한국에 있는 딸에게도 연락해서 등록을 시도했지만 실패했다. 바로 다음 날짜부터는 등록이 되는데 당일은 아예 뜨질 않았다. 제기랄 우라질 투덜투덜했다.

항공사 사무실에 갔더니 수수료로 10달러를 내라고 했다. 인터넷으로 신청하면 되는 걸 수수료를 받다니! 약간 짜증이 났지만 금세 마음을 바꿔 먹었다. 사실 공항에서 커피 한 잔 마시고 케이크 한 조각만 먹어도 10달러가 훌쩍 넘어가는데 편하게 서류 받아서 탈 없이 탑승하게 해주니 고마운 일이라고 생각하기로 했다.

그동안 여러 가지 경험을 해본 덕분에 두 번째 세계 유랑은 뭔 일을 당해도 걱정이 안 된다. 화도 나지 않는다. 오히려 해결하고 나면 성취감을 느낀다. 요거 나름 재미나다. 내 몸만 성하고 편하면 다 용서가 된다. 돈이나 시간 좀 손해 보는 건 아무것도 아니다. 그냥 허허

웃어 넘기면 그만이다.

천천히 가도 멈추거나 되돌아가지 않으면 성공한 여행이다. 생각을 바꾸니 여행이 편해졌다. '하쿠나 마타타(Hakuna Matata, 근심 걱정 모두 떨쳐버려)!'

요것이 바로 고진감래구나

중간 기착지인 튀르키예 이스탄불의 사비아 꽥첸 공항에 무사히 도착했다. 이곳에서 기다리다가 7시간 후에 이집트의 샤름 엘 셰이크로 가는 터키항공 비행기를 타면 된다. 시간이 넉넉하다고 여유를 부리다가 문득 생각해보니 오늘은 일진이 하 수상하다. 미리미리 확인해봐야겠다는 생각이 번뜩 들었다.

출발 안내 전광판을 찾아보는데 내가 탈 항공편 정보가 없다. 터키항공 사무실로 가서 확인했다. 맙소사! 이 공항이 아니라 여기서 차로 1시간 이상 걸리는 아타튀르크 공항으로 가야 한단다. 물어물어 하비스트 버스를 타고 가며 초조한 마음에 시간을 계속 확인했다. 다행히 9시가 넘은 저녁 시간이라 차가 막히지 않아 비행기 출발 2시간 전에 도착했다.

그런데 발권을 하는데 또 문제가 발생했다. 직원이 한참을 확인해보더니 예약이 안 되어 있단다! 인터넷에서 예약은 했지만 결제가 안 됐다는 것이다. '오 마이 갓! 분명 결제 버튼을 누르고 예약증도 받았는데….' 하지만 어쩌랴, 크게 걱정할 일은 아니다. 현장 구매하면 되니까. 그런데 94달러를 내란다. 인터넷 예매 가격은 69달러였는

데…. '괜찮아 정말 괜찮아, 조금 더 내는 게 아깝긴 하지만 비행기 못 타는 것보다야 백 배 천 배 낫지!'라며 스스로를 다독였다.

우여곡절 끝에 드디어 비행기를 탔는데, 승무원이 내 옆으로 와서 영어를 할 수 있느냐고 물었다. 바로 감 잡고 엄청 잘하는 척했다. 심지어 '엑스 에어포스 오피서(EX Air Force Officer, 공군 장교 출신)'라고 호랑이 담배 피던 시절 커리어도 들먹였다. 내 말이 먹혔는지, 비상구 쪽 3열 좌석에 혼자 앉아서 왔다. 정신없이 헤매느라 저녁도 제대로 못 먹었는데, 새벽 두 시 반에 기내식이 나왔다. 웬 떡이냐며 폭풍 흡입하고 나니 행복감이 밀려왔다. 완전 비즈니스석에 앉은 기분이었다. '오호라, 요것이 바로 고진감래구나. 시작은 험난했으나 끝은 풍요롭구나.'

이집트 샤름 엘 셰이크 공항에 새벽 4시에 도착했다. 예약한 택시 (택시비 36,000원)를 타고 58km를 달려 새벽 6시에 다합 숙소에 도착했다. 전날 오후 1시 조지아의 바투미 호텔에서 출발해 17시간이나 걸린 긴 여정이었다. 조마조마 간당간당 아슬아슬했던 길고 긴 하루가 지났다. 자유 여행자만이 누릴 수 있는 스릴과 서스펜스 넘치는 경험이었다. 여행의 신은 내가 이겨낼 만큼만의 시련을 주었다. 감사하다.

드디어 아프리카,
다합살이 시작

장기 배낭여행자들의 블랙홀이라고 불리는 도시가 몇 군데 있다. 한번 가면 매력과 유혹에 빠져 쉽게 빠져나오지 못하고 오래 머무르게 되는 곳이다. 인도의 바라나시와 고아 비치, 태국의 빠이, 인도네시아의 발리 우붓, 파키스탄의 훈자, 발칸반도의 몰도바, 멕시코의 산크리스토발 등이다. 그중에 으뜸이 아프리카 동북단 이집트의 시나이반도 맨 끝자락에 있는 다합이다. 몇 해 전에 세계 일주를 하며 만났던, 내공이 깊은 외국인 '나장배(나 홀로 장기 배낭여행족)'들이 이구동성으로 꼭 가보라고 권했던 곳이다. 그래서 항상 내 여행 리스트의 첫 번째는 다합이었다. 온 것만으로도 행복했다. 오자마자 아무래도 겨울은 여기서 지낼 것 같다는 느낌이 왔다.

잠시 자고 일어나 바깥에 나가 보니 바로 여행자 거리다. 낯설고 이국적인 풍경이 내 몸의 지쳐 늘어진 세포를 깨웠다. 코시국에도 활

★ 다합 여행자 거리. 길거리 어디서나 다이버들을 만날 수 있다.

기가 넘쳤다. 보다폰 매장에 가서 인터넷을 개통했다. 숙소나 카페의 와이파이를 주로 이용할 거라 미니멈 패키지인 28,000원짜리로 구매했다. 카페에서 점심을 먹었는데 클럽샌드위치, 구아바 주스, 콜라, 커피 모두 합한 가격이 8,000원이었다. 샌드위치 양이 너무 많아 다 못 먹고 남겼다.

저녁은 게스트하우스 주인장 집에서 한식으로 거하게 먹었다. 후식으로 딸기, 깨과자, 그리고 보드카, 주스, 맥주까지 풍성하게 나왔

★ 한국인이 운영하는 따조 다이빙 숍 겸 렌트 하우스. 코로나 기간이라 황송할 정도로 손님 대접 제대로 받았다. 도미토리지만 손님이 없어 방 하나를 혼자서 사용했다. 거실도 널찍해서 좋고 주방도 완벽했다. 도착 첫날부터 한식으로 포식했다.

다. 다합에 여행자로 왔다가 눌러앉아 다이빙숍과 게스트하우스를 운영하며 10년째 살고 있는 주인장의 친절과 성의에 감동하고, 순수함과 해맑음에 더 감동 먹었다. 다들 그를 '명쌤'이라 불렀다.

아프리카에서 코다리찜이라니 믿기지 않았다. 무려 떡볶이까지. 한국에서 공수해온 맵싸한 고춧가루와 고추장 덕에 눈물을 흘리며 흡입했다. 6명의 참석자 중 20대, 30대 여성 2명은 비명에 가까운 환희의 소리를 지르며 국물까지 처리했다. 갓 담아서 내온 겉절이는 톡 쏘는 매운맛 작렬이었다. 매운 음식에는 불고기와 쌀밥이 있어야 제대로다. 모두 두 그릇씩 비웠다.

───────── **아라비안나이트의 땅에서 김밥 먹으며 피크닉**

햇살이 따뜻한 날, 게스트하우스 주인장 명쌤과 같은 숙소에 머무르는 하영이와 셋이서 살랑이는 바람이 불어오는 홍해 백사장으로

★ 바다 건너편 멀리 사우디아라비아 땅이 보인다. 홍해 백사장에서 먹은 김밥과 삶은 달걀, 사이다

소풍을 갔다. 하영이는 다합에 보름간 휴가를 왔는데, 오스트리아에서 취업해 10년 넘게 살고 있는 유능한 커리어우먼이다.

명쌤은 소풍을 위해 김밥과 삶은 달걀을 챙겨 왔다. 그리고 소풍에 사이다가 빠지면 안 된다며 가는 길에 가게에서 사이다까지 사서 구색을 갖추었다. 홍해 건너편은 사우디아라비아다. '아라비안나이트'의 땅에서 김밥을 먹다니 신기하고 묘한 기분이 들었다. 다른 재료는 한국에서 오는 인편이나 카이로 한인 마트에서 구했지만, 김밥 속에 들어간 단무지는 명쌤이 현지 시장에서 무를 사다가 직접 만들

★ 바람이 많이 부는 날엔 다이버들은 안 보이고 패러글라이더들만 신나서 홍해 바다와 하늘을 누빈다.

었단다. 참 귀한 음식을 먹는구나 싶었다.

백사장 주위를 돌아보니 우리만 겨울 복장이었다. 다합의 겨울철 낮 기온은 15~20도다. 2월 초지만 봄 날씨다. 우린 잔뜩 움츠리고 있는데 서양인들은 봄 같은 날씨를 여름처럼 마음껏 즐기고 누린다. 비키니 차림으로 요가, 선탠, 비치발리볼을 하거나 물놀이를 한다. 열성 다이버들은 수온이 차가운데도 바다로 뛰어든다.

저녁에는 우연히 다국적 여행자들과 어울려 밤늦게까지 차를 마시며 즐거운 시간을 보냈다. 브라질 출신 다이빙 강사 커플, 슬로베니아에서 와서 다합에 눌러앉아 사는 부부, 2년 전에 은퇴하고 다합에 와서 지낸다는 이집트 공군 장군 출신 아저씨, 수비니어(souvenir, 기념품) 가게 주인인 수염을 멋지게 기른 이집션, 하영이와 나까지 8명이 모였다. 영어로 대화를 나누었는데 다들 모국어가 아니라서, 혀를 마구 굴리는 영국인이나 미국인과 대화하는 것보다 오히려 소통이 잘됐다.

다합은 낮에는 봄 날씨인데 밤이 되면 기온이 뚝 떨어진다. 그래서 밤이면 삼삼오오 모여 모닥불을 피우고 수다를 떤다. 그런데 숙

★ 밤이 되면 급격히 기온이 떨어져 모닥불을 피운다.

소나 식당에 에어컨은 있어도 난방 시설은 없다. 온도를 확인해보면 5~10도 정도인데도 이상하게 아프리카의 밤 냉기는 뼈에 찬바람이 들 정도다. 일교차가 커서 그런 모양이다. 그래서 감기에 걸리는 사람들이 많다. 겨울에 간다면 경량패딩은 필수다.

독거노인 위문품

다음 날 아침 숙소 현관문을 여니 바깥쪽 손잡이에 노란색 봉지가 걸려 있었다. 이건 뭐임? 가지고 들어와서 꺼내 보니 참치 김치찌개, 잡곡밥 그리고 카스텔라였다. 분명 산타클로스는 게스트하우스 주인장 명쌤이다. 아프리카 땅에서 내가 최애하는 김치찌개와 잡곡밥이라니 꿈만 같았다. 예전 같으면 그냥 고맙다고 받아들였을 일도 이역만리에서 혼자 있으니 큰 감동으로 다가왔다. 더구나 수고와 정성이 담긴 선물을 받으니 찡해졌다.

★ 감동의 노란 봉지

난초는 물보다 바람의 기운으로 산다. 사람은 돈보다 정으로 산다. 내 여행의 포커스는 좋은 사람들과의 만남이다. 좋은 만남은 내가 바란다고 되는 게 아니다. 행운이 이끌어주고 여행복이 따라주어야 한다. 행운과 복은 하늘에서 뚝 떨어지는 게 아니다. 선택이 선행되어야 한다. 베두인의 땅을 선택하길 잘한 것 같다. 이집트에서 여행복이 터졌다.

매일매일
인생도 맛나게

킴셰프가 왔어요!

튀르키예에서 처음 만나 서로 죽이 맞아 즐겁게 지내다가 헤어지면서 다시 만나자고 약속했던 이가 있었다. 다합에서 아주 즐겁게 지내고 있다는 소식을 전하자 그는 바로 다합으로 날아왔다. 예전에 서울 신천동 먹자골목에서 고깃집을 크게 했던 알아주는 한식 셰프로, 코로나 전엔 몽골에서 사업을 하고 있었다. 코로나로 모든 게 일시 멈춤을 하는 바람에 이 기회에 세상 구경이나 하자고 떠나왔다가 나와 만났다. 나는 그를 '킴셰프'라 불렀다.

그는 오자마자 로컬 시장부터 찾았다. 역시 셰프는 달랐다. 장을 보는 스케일부터가 일반 여행자들과 비교 불가였다. 소고기, 닭고기, 과일, 채소, 쌀, 달걀, 생선 통조림 등 먹거리를 한가득 샀다. 소스도 아홉 가지나 구입했다.

숙소로 돌아와선 여기 와서 인연을 맺은 사람들을 모두 초대했다.

★ 킴셰프가 사온 요리 재료들. 5시간 동안 계속된 저녁 식사 자리

불고기, 잡채, 스크램블드에그, 불 조절이 잘된 맛난 쌀밥에 위스키와 맥주가 차려졌다. 디저트까지 이어진 식사는 무려 5시간이 지나 자정 무렵이 돼서야 끝이 났다. 30대부터 40대, 50대, 60대, 70대까지 다양한 연령이 한자리에 모였다. 최고 40년이라는 넘사벽의 나이 차이에도 불구하고 모두가 즐거웠다.

웃고 떠드느라 업된 기분을 식힐 겸 바닷가로 나왔다. 다합 라이트 하우스 앞 주변은 레스토랑, 카페, 다이빙숍, 기념품 가게 등이 몰려 있다. 밤늦게 다녀도 거리가 환해서 안전하고 편하다. 평화로운 밤바다가 한눈에 들어오는 바닷가 야외 테이블에 앉아 진저티를 마시며, 킴셰프의 명언에 감탄했다. "내가 태어날 때 세상은 시작되고 내가 죽을 때 세상은 끝이 난다. 나부터 즐거워야 부모도 자식도 친구도 즐겁다. 내가 매일매일 행복해야 세상도 이웃도 매일매일 행복하다." 우린 "할렐루야 믿습니다!"를 합창했다. 킴셰프는 인생도 맛나게 산다. 유쾌상쾌한 킴셰프의 등장으로 나의 아프리카 생활은 제대를 앞둔 말년 병장보다 더 늘어졌다.

무슬림은 모두가 마초들인 줄 알았는데 전혀 아니었다. 담배는 피우지만 술은 마시지 않는다. 그리고 여성들에게 친절하고 가정적이다. 휴일이면 나들이 나온 가족들을 많이 본다.

밤 문화도 매우 건전하다. 다합은 레스토랑이나 카페에서 술을 팔지 않는다. 술을 마시고 싶으면 자기가 직접 사와야 한다. 음료수를 시키면 자가 주류 반입은 눈감아준다. 큰 호텔의 경우 주류를 판매하는 바가 있긴 하다. 주류 판매 허가증 받는 비용이 비싼 데다가 우리나라에서 카지노 허가받기만큼 어렵다고 한다.

대부분의 식당과 카페는 밤 10시쯤이면 문을 닫기에 아쉬운 청춘들은 5~6군데 있는 해변가 라이브 카페를 찾아 열정을 발산한다. 이때도 술 대신 음료수만 마신다. 그래도 신나게 잘 논다. 손님 대부분이 외국인이지만 현지인도 제법 많다. 토요일이 가장 핫하다.

이집트는 아프리카의 축구 강호이다. 그만큼 이집션의 축구 사랑은 뜨겁다. 경기가 있는 날은 거리에 대형 TV가 설치된다. 인근 가게

★ 술 대신 음료만 마셔도 신나게 잘 논다. 대형 TV 아래 모여 축구 대표팀을 응원하는 사람들

에서 자발적으로 제공한 의자가 놓인다. 대표팀 경기나 이집트 출신 축구 스타 '샬라'가 뛰는 경기가 있는 날은 특히 열기가 뜨겁다. 박수와 함성과 한숨 소리가 교차되어 거리에 울려퍼진다.

할배의 변신은 무죄

설달 그믐날 밤 아프리카 땅에서 특급 작전이 펼쳐졌다. 숙소에 함께 있는 조카와 동생들이 나를 막둥이로 변신시키겠다며 깜짝 이벤트를 벌였다. 킴셰프가 염색약을 준비해서 나를 거실 의자에 앉혔다. 난 기꺼이 영구가 되었고 거실에는 폭소 폭탄이 터졌다. 하영이가 팔을 걷어붙이고 나서서 머리는 물론이고 눈썹까지 정성껏 염색을 해주었다.

★ 머리를 염색해준 하영이. 성격은 물론 능력도 최고다!

수염도 안 깎아 덥수룩하고 염색도 안 해서 온통 흰머리인 게 보기 싫었나 보다. 폭삭 늙어 보인다고 설맞이로 면도하고 염색도 하라고 난리 치는 통에 등 떠밀려 꽃단장을 했다. 할배의 변신은 무죄란다. 폭소 대잔치를 한바탕하고 핸섬(?) 할배가 되었다. 다같이 라이브 카페로 가서 즐거운 송년의 밤을 보냈다.

아프리카에서 설맞이 요트 투어

평생 처음 아프리카에서 설을 맞았다. 떡국과 여러 가지 부침개로 설음식을 먹으면서 명절 기분을 냈다. 식후에는 라이트 하우스 해변

★ 설날에 요트 타고 호사를 누렸다.

으로 나가 청춘들은 스노클링을 하고 할배들은 차담을 즐겼다.

오늘의 하이라이트는 요트 투어였다. 하루 전날 '벙개'를 쳤는데도 27명의 한국인들이 모였다. 다합에 있는 한국인의 절반 이상이 참가한 것 같았다. 오후 4시에 다합 포트에서 출발해서 중간에 다이빙과 스노클링을 하고 라구나 비치 앞바다에 정박했다. 멋진 선셋을 감상하고 이집트식 뷔페로 저녁 식사를 했다. 먹고 노는 것도 물릴 때쯤 선상 갑판에 누워서 하늘에 총총한 별 구경을 했다. 한쪽에서는 삼삼오오 모여 앉아 여행한 이야기, 다합에 오래 머물게 된 사연, 살아온 인생과 살아야 할 인생을 이야기했다. 밤바다의 바람이 찼지만 아무도 선실 안으로 들어가지 않았다.

9시에 다시 항구에 도착해서 대기하고 있는 차를 타고 다합으로 돌아오는데 모두가 그냥 헤어지기를 아쉬워했다. 끼리끼리 뭉쳐서 카페나 펍으로 흩어졌다. 그날 밤 다합의 여행자 거리는 이역만리에서 명절을 맞는 한국인들로 오래 불을 밝혔다.

★ 다합에서 20분 정도 걸어가면 아름다운 모스크 미나레트(첨탑)를 볼 수 있다.
★ 다합은 메마른 바위산이 푸른 바다와 맞닿은 독특한 풍광을 보여준다.

다이빙 천국 다합에서
승마하기

_____

질주 본능 자극 금지!

다합에 오면 다이빙을 배우거나 블루홀(깊이 130m, 지름 60m의 거대한 싱크홀. 코발트 물색이 아름답다) 투어를 하는 게 일반적이다. 하지만 남들 다하는 거 말고 좀 색다른 게 없을까 찾아보는데, 마침 킴셰프가 승마할 수 있는 곳을 발견했다. 같은 숙소에 머무르는 스물두 살 청춘들도 의기투합했다.

낡은 트럭 택시를 타고 우리 일행 4명은 라구나 비치로 달렸다. 모래 먼지가 풀풀 날리는 비포장 길을 지나니 탁 트인 황무지와 해변이 펼쳐졌다. 가슴이 뻥 뚫렸다. 꽤 먼 거리인데 택시비는 우리 돈 4,000원가량으로 착한 편이었다. 말 주인을 만나 1인당 15,000원씩 해서 4명이 총 6만 원에 해질 때까지 타기로 흥정을 마쳤다. 약간은 두렵기도 했지만 각자 마음에 드는 말을 골라 타고, 마치 서부 영화 〈황야의 무법자〉 주인공이라도 된 듯 온갖 폼을 다 잡았다.

★ 다들 서부 영화 찍는 폼으로 서 있었지만….

　그러나 사실은 즐기기보다도 고생을 더 많이 했다. 잘 조련된 승마용 말이 아니라 덜 길들여진 준야생마라서 상당히 거칠었다. 고개를 치켜들고 히힝~거리는 건 그나마 약과고 앞발을 치켜들고 떨어뜨리기라도 할 것처럼 위협적인 제스처로 킴셰프를 제외한 나머지 세 사람을 겁먹게 했다.

　알고 보니 킴셰프는 말의 나라 몽골에서도 유명한 승마 실력자였다. 사나운 말 위에서 사진을 찍고 심지어 카톡으로 보내는 신공을 발휘하기까지 했다. 그는 신나게 달리고 싶은 마음이 굴뚝 같았겠지만 초짜들을 위해 보조를 맞춰주었다. 한 마리가 달리면 다른 말들도 질주 본능으로 덩달아 같이 뛰려고 하므로 우리를 위해 배려해준 것이었다.

　조마조마했지만 별 탈 없이 말 위에서 아름답게 물드는 황홀한 일몰의 순간까지 누렸다. 어두워지는 라구나 비치를 벗어나 말 우리가 있는 다합 시내 입구까지 왔다. 아스팔트 길을 지날 때는 네 마리의 말발굽 소리가 타악기 합주라도 하는 것처럼 경쾌하게 울려 퍼져 묘한 박자감에 빠지기도 했다.

승마를 마친 뒤, 다른 2명의 청춘이 합류해 저녁을 먹으러 이집트 식당으로 갔다. 양고기와 닭고기가 먹을 만했다. 역시 청춘들인지라 저녁이 부족하다며 오는 길에 시리안 케밥을 사서 추가로 먹었다. 그래도 다들 못내 아쉬워하며 피자와 과일과 맥주를 사들고 해변으로 나갔다. 칠흑 같은 밤바다의 파도 소리를 들으며 이야기꽃을 피웠다. 그런데 놀랍게도 숙소로 돌아오자 배가 다 꺼져서 출출하다며 야식을 먹자고 외쳤다.

난 두 손을 들고 먼저 자겠다고 방으로 도망쳤다. 그래도 야밤에 먹는 매운 불닭면은 맛날 것 같아 침이 꼴깍 삼켜졌다. 야식의 후유증이 얼마나 큰지 잘 알기에 억지로 참고 잠을 청했다. 매운맛의 포만감보다는 말을 타고 아프리카 대륙을 달리는 꿈을 꾸기로 했다.

베두인의 땅을 방문하다

베두인(Bedouin)은 '사막에서 사는 사람'이라는 뜻을 갖고 있는데, 거친 사막에서 낙타, 양 등을 기르며 떠도는 유목민을 말한다. 기원전 9세기 이슬람 발흥 이전부터 아랍어를 처음 사용한 부족으로 알려져 있다. 이슬람 문화를 일으키고 사라센 제국을 건설한 주역들이다. 이들은 오랜 세월 동안 혹독한 사막에서 전통과 언어를 고수하며

★ 베두인 캠프 가는 길

혈통의 순수성을 지켜내면서 생존했다는 자부심을 갖고 있다. 아랍 인구의 10% 정도지만, 용맹스럽고 신의가 철저하여 모든 아랍 국가에서 환영을 받는다.

같은 숙소에 묵고 있는 한국인 4명이 의기투합해서 베두인 캠프에 가서 밤하늘의 별을 보기로 했다. 가는 길에 우연히 카이로에서 놀러 온 이집트 여대생 3명과 합류하게 됐다. 덕분에 재미있고 다양한 이야기를 들을 수 있었다. 그곳에서 모래산 트레킹을 한 후 전통 차를 마시고 전통 음악을 들으며 수많은 별들을 원 없이 감상했다.

돌아오는 길에 이집트 여대생들의 안내로 로컬 식당에 가서 제대

★ 베두인 캠프. 해가 지면 바닥에 둥글게 모여 앉아 별이 쏟아지는 밤하늘을 감상한다.

로 된 이집트 요리를 포식했다. 양, 소고기, 닭고기 등을 맛나게 먹었다. 하지만 머리까지 달린 비둘기 요리가 나오자 한국인들은 기겁을 했다. 그런데 이집트 여대생들은 아무렇지 않게 너무나 잘 먹어서 다시 한번 놀랐다. 음식은 7명이 먹고도 남을 만큼 푸짐했는데 6만 원 정도밖에 안 나와서 또 한 번 놀랐다.

다합
자랑

사철 날씨가 따뜻하다

겨울에도 낮에는 15~20도 정도라서 사시사철 물에 뛰어들 수 있다. 물론 밤에는 기온이 뚝 떨어지지만 영하로 내려가지는 않는다.

스쿠버 다이버들의 천국이다

다합에서는 스쿠버다이빙을 하기 위해 보트를 타고 다이빙 포인트까지 이동하지 않아도 된다. 장비를 메고 바다로 걸어 들어가면 바로 수중 세상을 만날 수 있다. 다이빙 강습비가 세계에서 가장 저렴하다. 오래 머물며 마스터까지 따는 사람들이 많다. 나라별로 자국인 다이버숍 오너와 강사가 있으니 소통에도 문제가 전혀 없다. 5일 정도 다이빙을 배우고 라이선스를 따면 최고의 성취감을 누릴 수 있다.

★ 홍해 바닷가 풍경
★ 해변에서 바다로 걸어 들어가면 바로 스쿠버다이빙을 할 수 있다.

청춘들에게 다합은 해방구다. 비슷한 조건의 또래들과 만나 어울려 놀다 보면 일상의 스트레스와 속박에서 벗어날 수 있다. 간섭하는 사람도 없고 눈치를 볼 것도 없다. 짧은 기간에 정이 들어, 예매한 비행기표를 찢어버리고 예정된 날짜를 훌쩍 넘겨서 머무는 청춘들을 여럿 보았다.

힐링 셸터다

제대로 된 슬로우 시티다. 스트레스 없이 힐링하며 지낼 수 있는 마음의 안식처, 피난처로 딱 맞는 조건을 갖추고 있다. 동네는 작지만 인프라가 잘되어 있다. 스쿠버다이빙은 물론이고 걷는 걸 좋아하는 사람에겐 홍해를 따라 이어지는 트레일이 환상적이다. 밤에도 불이 환해서 안전하고 볼거리도 많다. 바다가 보이는 예쁜 카페도 많아 멍때리기, 책 읽기, 인터넷 서핑하기, 글쓰기에도 안성맞춤이다.

물가가 엄청 싸다

놀라지 마시라. 이건 실화다. 내가 렌트했던 2층 방은 하루에 10달러이고 한 달 이상 머물면 20~30%를 할인해준다. 물론 관광객 상대 호텔이나 식당은 여기도 비싸다. 하지만 로컬 물가는 매우 싸다. 대부분의 장기 체류자들은 방을 셰어하고 식재료를 사다가 직접 해먹으며 비용을 줄인다. 참고로 토마토 1kg에 800원이다.

아직은 때가 묻지 않았다

그동안 여행하면서 본 도시 중 가장 오염이 덜 됐다. 홍해 건너편에 있는 사우디아라비아 정부가 막대한 투자를 해서 다합을 다리로 연결해 아프리카로 통하는 하이웨이를 건설할 계획을 가지고 있다. 아프리카의 맹주가 되려는 플랜의 시작이다. 중국도 덤벼들려고 벼르고 있다. 그때가 되면 다합도 멕시코의 칸쿤처럼 화려하지만 주머니가 가벼운 장기 배낭족들에게는 매력이 빠진 도시로 변할 것이다.

굳이 단점을 꼽자면

장점이 많다고 단점이 없을 순 없다. 가장 큰 단점은 인터넷 속도가 너무 느리다는 것이다. 보이스톡이나 화상통화는 거의 불가능하다.

그리고 물이 큰 문제다. 수돗물은 양치질할 때 절대로 사용하면 안 된다. 발 닦는 데만 써야 될 정도로 상태가 불량하다. 무조건 생수를 사서 마셔야 한다. 그런데 과연 가게에서 파는 싼 음식에 생수를 사용할지 의문이 들었다. 처음에는 께름칙한 마음에 깨작깨작 먹었다. 그런데 차차 익숙해지면 신기하게도 점점 맛에 빠진다.

카오스의 도시
카이로에 가다

딸이 카이로로 와서 보름 동안 여행을 함께하기로 해서, 다합을 잠시 떠났다가 다시 돌아오기로 했다. 내가 갑자기 서울을 떠나오는 바람에 장기 여행을 하기에 부족한 게 많다는 걸 알고 위문 겸 보급품 전달을 위해서 온단다. 덕분에 딸과 단둘이서 평생 처음으로 여행을 하게 됐다.

다합에서 밤 0시 30분에 출발해서 카이로에 아침 8시 30분에 도착하는 야간 버스를 타기 위해 버스터미널에 가는데, 며칠 있다가 돌아올 나를 배웅해주겠다며 숙소에 있는 한국인 3명이 그 야밤에 버스터미널까지 따라왔다. 역시 한국인은 정이 많다.

카이로 가는 버스는 세 가지다. 가장 비싼 게 블루 버스고, 그다음으로 고버스가 비싸다. 미니밴 형태의 위버스는 고버스보다 싸지만 좁아서 좀 불편하다. 고버스의 운행 횟수가 제일 많다.

★ 고버스 외부. 내부가 아주 쾌적하다. 차에서 나눠주는 간식

　나는 고버스를 탔는데 우리나라 우등고속버스처럼 3열 좌석이고 화장실도 있다. 중간에 간식으로 종합선물세트를 나눠준다. 과자, 빵, 물, 커피 등이 들어 있다. 요금이 440이집트파운드(당시 환율로 36,000원 정도)니 이집트 물가를 생각하면 비싼 편이지만 빈자리가 하나도 없었다.

　버스를 타고 도시의 경계를 지날 때마다 검문을 한다. 이층버스 아래에 있는 짐칸에 가방을 둔 승객은 모두 내려야 한다. 각자의 짐을 꺼내서 검색대로 가서 줄을 서서 기다렸다가 가방을 열어 검사를 받는다. 예외 없이 탈탈 털린다. 진짜 FM대로 근무를 제대로 서는 경찰 아재들을 보았다. 불평 같은 건 없다. 워낙 중동 지역의 정세가 불안정하고 테러가 자주 발생하니 필요한 조치라고 받아들인다. 문제는 거의 한 시간마다 반복되기 때문에 잠을 잘 수가 없다는 것이다.

　짐이 없어서 내리지 않아도 되는 승객도 신분증 검사를 하기 때문에 깨어 있어야 한다. 검문은 카이로 가는 길보다 오는 길에 더 자주

★ 신기하게도 저런 걸 머리에 이고도 오토바이를 잘 탄다. 시장에서 맛있게 먹은 1,600원짜리 식사

철저하게 한다. 경험자들이 어지간하면 비행기 타고 가라고 권한 이유를 알 것 같다.

나일강의 낮과 밤

한적한 시골 동네 다합에서 지내다 온 탓에, 혼잡한 카이로에 도착하니 잠시 적응 장애를 겪었다. 자동차들은 쌩쌩 달리는데 횡단보도가 가물에 콩 나듯 있으니 위험하지만 어쩔 수 없이 다들 무단횡단을 한다. 나도 바로 전투 모드로 바꿔서 목숨을 건 무단횡단을 자행했다. 다행히 내가 내린 버스터미널 바로 옆에 딸이 예약해둔 힐튼 호텔이 보였다. 도로 2개만 건너면 되니 그나마 다행이었다.

호텔 도착 후, 대사관에 가서 한국에 보내야 할 위임장을 발급받기 위해 우버 택시를 불렀다. 민원서류를 발급받을 일이 있으면 대사관에 가면 된다. 국내와 똑같이 바로 받을 수 있다. 역시 인터넷 강국답다. 다만 한국으로 보내야 하기에 비싼 DHL 비용을 부담해야 한다.

★ 카이로는 온통 공사 중이다. 먼지와 소음 때문에 베란다 문을 열 수 없다.
★ 아름다운 나일강 야경

5km 정도 거리를 가는데 우버 택시비는 1,600원 정도로 저렴했다. 문제는 택시 앱에 나온 것과 달리 차량 번호판에는 아랍어 꼬부랑 숫자만 적혀 있어 외국인들은 읽기가 어렵다는 것이다. 호텔 도어맨의 도움이 없었다면 고생 좀 했을 것 같다. 카이로에서는 디디택시(didi taxi) 앱을 까는 게 유용하다.

이때만 택시를 탔고 이후에는 나일강 다리를 왕복하며 구석구석 걸어 다녔다. 나의 여행은 늘 씩씩한 걷기로 시작해서 녹초가 되어 끝이 나곤 한다. 산책하기 좋은 곳에서 지내다 온 탓에 카이로는 걷기가 많이 힘들었다. 뿌옇고 매캐한 냄새가 나는 매연, 요란한 자동차 경적 소리, 필사의 무단횡단, 곳곳에 널린 공사장의 흙먼지 등이 괴로웠다. 그래도 새로운 도시에 대한 호기심과 낯선 환경에 대한 흥미가 내 마음을 끌어 무려 27,000보를 걸었다. 발바닥이 얼얼했지만 한편으론 뿌듯했다.

하지만 아무래도 피라미드와 박물관 정도만 보고 빨리 카이로를 떠나야겠다는 생각이 들었다. 난 관광형 여행자가 아니라 생활형 여행자다. 굳이 크고 복잡한 도시에 있을 이유가 없다.

카이로는 깨끗하거나 인프라가 좋은 도시가 아니다. 그래도 사람들이 활기차고 친절해서 좋다. 마치 한국의 몇십 년 전으로 시간 여행을 떠나온 것 같은 착각이 들었다. 왠지 정겹고 보듬어주고 싶어졌다. 낮에 볼 때는 산만하고 지저분했는데, 밤에 보니 제법 운치 있고 예뻤다. 이래서 화장빨, 조명빨이 중요한가 보다.

피라미드야
놀자!

역사는 현재의 거울

4,500년 전 파라오들은 피라미드를 만들기 위해 수십 년에 걸쳐 수많은 사람을 동원해 나일강 홍수기에 멀리 아스완에서 캐낸 거대한 돌을 범람하는 강물에 실어서 옮겨왔다고 한다. 왕이란 자들이 한다는 짓이 백성들을 동원해 자신들의 돌무덤을 쌓는 일이었다니 한심하다는 생각에 헛웃음이 났다.

태양신이 되겠다는 헛된 망상, 탐욕, 허영심, 과시욕에 가득 찬 자들의 무덤을 보러 오다니…. 하지만 찬란한 문명을 현재의 관점으로만 보면 안 된다는 것도 인정한다. 아무튼 수천 년 전 파라오들의 환생과 추앙의 간절한 염원은 한 줌 모래처럼 스러지고 말았지만, 가난한 후손들에게 관광이라는 생존 수단을 제공했으니 그나마 열일한 셈이다. 모든 일에는 긍정과 부정 양면적인 평가가 존재하기 마련이다. 역사는 현재의 거울이다. 과거의 거대한 유적을 보며 감탄하는

★ 기자 대피라미드와 스핑크스

것도 좋고 반면교사로 삼는 것도 좋다. 하지만 난 비판하고 안타까워 하기보다는 그냥 카르페 디엠을 따르기로 했다. 파라오님! 나를 이 곳에 오게 불러주어서 고맙소. 잘 즐기고 놀다가 가리다~

사카라 무덤 투어

현재까지 이집트에서 발견된 피라미드는 총 138기다(위키백과 참조). 그중에서 가장 유명한 게 카이로 기자지구에 있는 삼각뿔 모양의 기자 대피라미드인데, 세계 7대 불가사의 중 하나다. 이집트를 찾는 관광객들은 빠짐없이 이곳에 들러서 인증샷을 찍는다. 입구에 스핑크스가 가까이 있어서 일타쌍피의 인생샷 촬영 장소나.

그러나 피라미드는 겉모습만 제대로 보존되어 있고, 내부는 몽땅 도굴을 당해서 아무것도 없다. 게다가 도굴꾼들이 내부가 어두워 불을 지폈다가 큰 화재로 번져 홀라당 다 타버렸다. 그래서 이집트 방문 인증샷 포토존의 배경으로만 유명세를 날리고 있다. 반면 사카라에 있는 조세르 피라미드는 관리가 제대로 되지 않아 무너지기도 하고 도굴도 많이 당했지만 내부에 들어가 벽화, 석관, 통로, 채광창 등을 직접 볼 수 있다. 볼거리가 남아 있는 덕에 찾는 사람들이 제법 많다.

피라미드를 높이 쌓은 건 하늘의 태양신과 만나 동격의 위치에 오르겠다는 파라오들의 욕망에서 비롯됐다. 사체는 미라로 보존하고, 내장은 따로 빼내서 지하로 연결된 별도의 무덤에 보관했다. 나중에 태양신으로 환생한다고 믿고 마징가 제트 합체하듯 하려고 했나 보다. 하루 종일 무덤만 보고 다녔더니 기를 다 빨렸는지 무척 피곤했다. 다운된 컨디션과 기분을 전환하기 위해 피라미드에서 착시를 활용한 사진 놀이를 했더니 훨씬 좋아졌다.

개별적으로 이집트의 유적지에 간다면 호객꾼과 바가지 장사꾼, 구걸하는 아이들과 소매치기 때문에 정신이 사나울 것이다. 내 경우에는 한국어를 잘하고 피라미드 사진을 재미나게 잘 찍는다고 소문난 이집트인 가이드를 하루 예약해서 다녔기에 신경전 없이 편하게 다녔다. 정신 건강을 위해 비용이 좀 들더라도 유능한 가이드를 하루 쓰는 걸 권하고 싶다.

★ 사카라에 있는 조세르 피라미드와 피라미드 내부로 내려가는 통로
★ 피라미드와 사진 놀이
★ 멤피스 박물관에서 본 람세스2세 거상, 스핑크스, 람세스 2세 입상

투어 비용

○ 기자 피라미드, 스핑크스 입장료 : 200이집트파운드(32,000원)

○ 사카라 피라미드 입장료 : 160이집트파운드(25,600원)

○ 멤피스 박물관 입장료 : 80이집트파운드(12,800원)

○ 화장실 사용료 : 800원

○ 식대 : 14,400원(음료비 포함)

○ 가이드 비용 : 12만 원

○ **총액** : 약 21만 원(2인, 1이집트파운드 = 80원 기준)

후르가다에서 잠시 천국의 꿈을 꾸다

카이로 여행을 마치고 딸과 함께 다시 다합으로 돌아왔다. 원래는 카이로에서 바로 룩소르로 갈 예정이었다. 하지만 딸이 가져온 보급품 캐리어가 너무 무겁고, 상하기 쉬운 음식들도 있어서 일단 다합에 들러서 정리한 다음 다른 도시를 여행하기로 했다. 그런데 딸 수빈이가 스쿠버다이빙을 하는 바람에 예정보다 오래 머물게 됐다. 수빈이는 룩소르로 가기 전에 중간 지점인 홍해 연안의 휴양 도시 후르가다를 가보자고 했다. 늘 가난한 여행을 하는 아빠에게 제대로 된 럭셔리 올인클루시브(all-inclusive) 리조트의 꿀맛을 선물하고 싶어 했다.

후르가다는 독일인들을 비롯한 유럽인들이 최애하는 세계적인 휴양 도시다. 딸과 함께 슈타이겐베르거 리조트에서 호사를 누렸다. 식사와 음료와 술이 무제한 제공되는 그야말로 젖과 꿀이 흐르는, 여유와 풍요가 넘쳐 흐르는 곳이었다. 해변에서 모히토를 마시며 바다멍을 때리며 영화에서나 보던 장면 속에 앉아 있었다. 수영복을

★ 슈타이겐베르거 리조트에서 한 템포 쉬어가다.

입고 선베드에 누워 잠을 자고 책을 읽으며 이곳에서 제대로 힐링 시간을 보냈다.

그동안 여행 경비 때문에 저렴한 호텔이나 게스트하우스에 묵어온 탓에 인클루시브 리조트는 왠지 낯설고 어색했지만, 딸과 함께여서 다행히 이방인 신세는 면할 수 있었다. 코로나 팬데믹 시대에 마스크도 안 쓰고 먹고 마시고 수영하고 공연 관람하고 액티비티를 즐기다 보니 세상 근심 걱정 따위는 바보들이나 하는 게 아닐까 하는 착각이 들 정도였다.

참 세상은 넓고, 즐겁게 사는 방법은 많구나 하는 걸 실감했다. 어느 따뜻한 봄날 바닷가 선베드에 누워 스르르 낮잠에 빠졌다 천국 꿈을 꾸다가 깨어난 것 같았다. 체크아웃을 하려고 캐리어에 짐을 챙기며 다시금 현실로 돌아왔다.

비밀 무덤 도시 룩소르와
이집트의 보석 아부심벨 신전

아름다운 나일강변의 룩소르

꿈같은 후르가다 리조트를 뒤로하고, 신전과 파라오들의 비밀 무덤으로 유명한 고대 도시 룩소르로 향했다. 버스로 5시간을 달려간 룩소르는 도시 전체가 유적이고 유물이었다.

나일강 뷰의 리조트에 짐을 풀었는데, 나일강 일몰이 너무 아름다웠다. 한적해서 나일강변을 산책하며 사색하거나 물멍하기도 좋다. 가성비와 가심비 둘 다 최고다. 원래는 하루만 묵고 아스완으로 가려고 했는데 하루를 더 연장했다. 저녁을 먹으러 가면서 일부러 마차를 타고 시내를 천천히 돌아보았다. 딸과 함께 마차를 타고 아프리카 밤거리를 돌아보다니 이게 실화야?!

가족들은 내가 나이 들어 혼자 배낭여행하는 게 안쓰러웠는지 이번에 나를 호강시켜주기로 작심한 것 같았다. 내 평생에 이런 호사스러운 여행은 다시 없을 것 같다. 또각또각 울리는 경쾌한 말발굽 소

★ 나일강의 아름다운 일몰
★ 카이로 시내 관광마차. 말이 마스크를 쓴 듯한데, 알고 보니 풀먹이통이었다. 쉴 때 땅바닥에 닿게
  해놓고 풀을 먹인다. 딸과 함께 마차를 타고 룩소르 밤거리 구경

리를 들으며 나를 이해하고 성원해주는 가족들의 사랑에 무한한 고
마움을 실어 보냈다.

다음 날은 하루 종일 발바닥 아프게 룩소르의 유적지를 돌아보았
다. 왕가의 계곡, 하트셉수트의 장제전(장례의식을 치르는 사원), 멤논(파라
오 아멘호테프 3세) 거상, 카르나크 신전, 룩소르 신전 등등. 마치 우리나

★ 왕가의 계곡과 여성 파라오 하트셉수트 장제전

★ 멤논 거상, 카르나크 신전, 룩소르 신전

라 경주와 부여를 한꺼번에 몰아서 본 느낌이었다. 여기서도 한류의 열기를 실감했다. 이집트 청소년들이 딸 수빈에게 한국에서 왔냐고 물어서 예스라고 대답했더니 같이 사진 찍자고 난리였다.

아스완은 휴식 모드로

기차를 타고 룩소르에서 아스완으로 이동했다. 우리나라 우등 고속버스처럼 1+2 형태의 3열식 시트라 편하다. 게다가 기차 요금도 아주 저렴하다. 1등석이고 5시간 20분간 타는데 70이집트파운드(5,600원)이다. 물론 열차 상태나 청결도는 좀 떨어진다.

아스완은 신전 빼고는 별로 볼 게 없다. 그런데도 먼 길을 온 것은 남쪽으로 280km 거리에 있는 아부심벨 신전을 가기 위해서다. 낮에는 너무 뜨거워서 돌아다닐 수가 없을 정도라서 새벽 4시에 떠나 오후 2시에 돌아오는 일정이다. 너무 고된 일정이라 아부심벨로 가기 전에 체력 보충을 위해 휴식 모드로 지냈다.

아부심벨은 아스완댐 건설로 수몰 위기에 처한 람세스 2세의 대

★ 룩소르에서 아스완으로 갈 때 탄 일등석 기차. 아스완 기차역

신전을 유네스코의 지원을 받아 원형 그대로 복원해 유명해졌다. 수몰된 원래의 위치에서 60미터를 올리고 호수에서 육지 안쪽으로 200미터를 이동시켜 똑같이 재현해냈다.

1964년부터 1972년까지 유네스코가 주도하고 50여 개국이 원조해서 이전과 복원이 이루어졌다. 신전을 언덕 지형으로 옮기면서 매몰이나 붕괴를 방지하기 위해 내부에 이글루 형태의 대형 철근 콘크리트 돔을 설치했다. 신전을 자세히 보면 분할한 흔적을 볼 수 있다. 이전 비용으로 3,600만 달러가 들었다. 이전할 때 미국이 가장 많은 지원을 했다. 이집트 정부는 감사의 표시로 댐 건설로 수몰 위기에 있던 덴두르 신전을 기증했다. 미국은 이 신전을 분할 이전해 뉴욕 메트로폴리탄 미술관에 전시해놓았다. 이전 비용을 지원해준 다른 서방 국가들에도 어차피 수몰될 다른 중고대 신전들을 선물로 주었다. 데보드 신전은 스페인 마드리드, 타파 신전은 네덜란드 레이던, 엘리시아 신전은 이탈리아 토리노로 옮겨졌다.

신들보다 더 높고 싶었던 람세스 2세

아부심벨 신전은 룩소르에 있는 카르나크 신전, 그리고 룩소르 대신전과 함께 람세스 2세의 왕성한 과시욕을 상징하는 건축물로 유명하다. 1817년 유럽인에 의해 발굴되어 최초로 알려졌다. 1979년에 유네스코 세계유산으로 등재되었다. 아부심벨은 수단과의 국경 지대에 있는 마을이다. 지명은 발굴단을 안내하던 이집트 소년의 이름을 딴 것이다. 파라오 람세스 2세 대신전이 아니라 아부심벨 신전이

★ 아부심벨 대신전(람세스 2세 신전). 원래 오른쪽 아래에 있던 신전을 왼쪽 언덕 위로 옮겼다.

★ 카데시 전투 장면과 4개의 신상을 모신 지성소. 왼쪽에서 세 번째가 람세스 2세다.

라고 이름을 지은 유럽인들의 속내가 엿보인다.

　호루스 신과 하토르 여신의 작은 입상들이 줄지어 서 있는 대신전 입구 전면에는 커다란 좌상 4개가 있는데 모두 람세스 2세의 형상이다. 람세스 2세는 자신이 신들보다 한끗 높다는 걸 보여주고 싶었나 보다. 왼쪽 두 번째 좌상은 머리가 부서져 떨어진 채로 놓여 있다. 복원하면서 다시 갖다 붙이자는 의견이 있었지만 있는 그대로 두자는 의견이 우세하여 똑같은 위치에 재현해두었다. 이 좌상들이 아부심벨 대신전의 간판인 셈이다.

　입구를 지나 안으로 들어가면 람세스 2세의 입상 8개가 세워진 기둥의 방이 나온다. 벽에는 카데시 전투 장면을 새겼다. 기둥 뒤편에 있는 방에는 네페르타리 왕비의 모습을 새긴 벽화가 있다. 가장 안쪽 공간에는 4개의 신상을 모신 지성소가 있다. 왼쪽에서부터 프타(Ptah), 라호라크티(Ra-Horakthy), 람세스 2세, 아문라(Amun Ra)의 좌상이다. 3명의 신과 함께 람세스 2세를 신격화해 4명의 신상을 모신 것이다.

소신전은 네페르타리 왕비를 위해 바로 옆에다 세운 신전으로 대신전보다 크기가 작다. 정면에는 람세스 2세의 입상 4개와 왕비의 입상 2개가 세워져 있다. 두 사람의 입상 크기는 거의 비슷하며 입상 아래에는 왕자와 공주들의 입상이 작은 크기로 세워져 있다.

내부에는 하토르 여신의 입상이 6개가 세워진 기둥의 방이 있다. 벽에는 채색된 왕비의 모습이 새겨진 벽화가 있다. 원래 아부심벨 신전이 있는 지역은 하토르 여신의 영역이었다.

람세스 2세란 자는 왕비를 지독히 사랑했는데 먼저 저승으로 떠나자 닮은 여자를 찾아 무려 77명의 여자와 다시 결혼했다고 한다. 똑같은 여자는 당연히 없으니 또라이다. 그러다 결국은 죽은 왕비를 닮은 자기 딸이랑 결혼했단다. 박물관에서 그놈 부조물을 보면서 설명을 듣는데 욕 나오고 토할 것 같아서 밖으로 나와버렸다. 듣고 보니 죽은 왕비를 너무나 사랑하고 그리워해서 지었다는 인도의 타지마할은 약과란 생각이 들었다.

이집트 유적 입장료는 후덜덜이다

이집트 여행은 피라미드와 스핑크스, 그리고 신전 투어가 전부라고 해도 과언이 아니다. 그런데 가는 곳마다 유적지 입장료를 내야 하는데, 이집트 물가를 생각하면 비싸도 너무 비싸다. 그렇다고 비싼 비행기 삯 들여서 머나먼 지구 반대편에서 힘들게 찾아왔는데 안 보고 갈 수는 없다. 울며 겨자 먹기다. 게다가 극성스러운 호객꾼과 바

★ 왼쪽은 아부심벨 대신전, 오른쪽은 아부심벨 소신전(네페르타리 신전)
★ 소신전 입구. 하토르 여신의 입상 6개가 세워진 기둥의 방 내부

가지요금을 피해 편하고 여유 있게 돌아보려면 가이드와 차량을 이용해야 한다.

유적지 8군데 입장료로 124,400원, 가이드와 차량 이용에 174,000원을 썼다. 유적지 관광에 한 사람당 298,400원이 들었다. 딸이랑 함께 갔으니 2명에서 60만 원 정도 든 셈이다. 이집트 유적지의 화장실도 모두 유료다. 입구에서 유적까지 이동할 때 타는 카트도 유료다. 식당이나 레스토랑도 시내에 비해 비싸다.

그래도 평생에 단 한 번뿐이라 생각하고 참아주기로 했다. 어려운 이집트 경제에 쬐끔 나눔한 셈이라고 좋게 이해했다. 나이 드신 분이나 여행 경험이 적은 분이 이집트 여행을 한다면 한국에서부터 패키지 투어를 이용하거나 현지에서 가이드를 쓰는 게 정신 건강에 좋을 것 같다.

룩소르 비용

o 왕가의 계곡 입장료 : 38,400원

o 하트셉수트 입장료 : 22,400원

o 카르나크 신전 : 44,800원

o 룩소르 신전 : 28,800원

o 화장실 사용료 : 2,400원(3회)

o 식대(음료비 포함) : 54,000원

o 기념품 구입비 : 24,000원

o 차량 및 가이드비 : 120,000원

o 팁, 기타 : 16,000원

o **총액 : 35만 원(2명, 1이집트파운드 = 80원 기준. 호텔비와 교통비 제외)**

'마음만은 청춘'은
착각이다

딸은 한국으로 돌아가고 나는 베이스캠프인 다합으로 돌아왔다. 다시 평온한 일상이 시작되었다. 오후에는 같은 숙소에 있는 한국인들이 모여 라구나 비치로 말을 타러 갔다. 말 타기도 인생도 힘 빼기인데 아직 멀었다. 말 고삐를 잡을 때 꽃을 잡듯이 사뿐히 잡으라는데 그게 어디 쉬운 일인가? 여전히 온몸에 힘이 들어간다. 오늘은 말과 교감부터 하고 중간중간 가볍게 제법 달렸다.

다합에 모여든 사람들은 다이빙을 배우면서 낚시, 베두인 카페에서 별 보기, 시나이산 트레킹, 요르단의 페트라 방문, 말타기, 수영, 사막 체험 등 다양한 액티비티를 즐긴다. 그런데 나는 다이빙 천국인 다합에 와서 매일 바닷길을 걸으며 파도와 윤슬(햇빛이나 달빛에 비치어 반짝이는 잔물결)을 만났다. 그런 내게 사람들이 물었다.

"다이빙 안 해요?"

"다이빙 안 하면 심심하지 않나요?"

"다이빙 안 할 거면 뭐 하러 다합에 온 거예요?"

난 딱히 뭐라고 대답하지 않았다. 설명할 수도 없었다. 남들은 내가 나이가 많아서 겁을 내는 거라 생각했을 것 같다. 사실 나는 사이판과 필리핀에서 스쿠버다이빙을 해본 경험이 있다. 그런데 코로나에 걸린 이후부터 체력도 달리고 특히 차가운 물에 발만 담가도 온몸에 소름이 돋을 정도로 엄청 추위를 탔다. 그래서 다이빙은 쳐다보지도 않았다. 그 대신 하루에 평균 18,000보를 천천히 걸으면서 명상하고 충만감을 느끼고 매일 카페에서 글을 쓰며 치유와 회복에 힘썼다.

미국의 시인 사무엘 울만이 75세에 썼다는 〈청춘〉이라는 유명한 시가 있다.

"청춘이란 인생의 한 시기가 아닌 마음의 상태를 말하는 것이다."

"80세 노인도 의지, 상상력, 정열, 용기, 모험심, 이상, 아름다움, 희망, 기쁨, 낙관주의의 파도를 탈 수 있으면 청춘이다."

요약하자면 청춘이란 나이가 아니라 마음이라는 거다. 내가 묵고 있는 숙소에 함께 묵고 있는 이들은 대부분 20~30대의 젊은이들이다. 이들을 통해 활력도 얻지만, 민폐가 되면 안 된다는 조심스러움이 더 크다. 그래도 이들의 의식과 행동을 이해하는 좋은 기회였고 배운 게 많다. 참견, 긴말은 금물이다. 적당히 알아서 빠져주고 비켜주고 모른 척해야 한다. 설거지는 자발적으로 재빨리 맡아서 해야 한다. 지갑을 빨리 꺼내야 한다. 확실하게 깨달은 건 '나이는 들었지만 마음만은 청춘'이라는 착각을 버려야 한다는 거다. 앞으론 사무엘 울만과도 거리를 좀 두고 살아야겠다는 생각을 했다.

감동 없는 여행은 유랑이다

며칠 동안 함께 지내며 정들었던 박쌤이 조지아로 떠났다. 작년에 명퇴한 후 갑갑함을 견딜 수가 없어 코시국을 뚫고 한국을 떠나온 용감한 아재다. 그는 첫 번째 목적지를 이집트로 정하고 한국에서 바로 날아왔다. 다이빙도 안 하면서 어렵게 다합을 찾아온 것도 특이하다. 그는 낭만 노마드다. 2월의 조지아는 추우니 다른 곳에 들렀다가 날씨 풀리면 가라고 했지만 맘먹은 대로 간다며 씩씩하게 떠났다.

2월의 조지아 낮 기온은 영상 5도 정도다. 산악 지대는 훨씬 춥다. 박쌤한테 카톡이 왔는데 밤에는 덜덜 떨 정도로 춥다고 한다. 그런데도 예정대로 아제르바이잔을 거쳐 튀르키예로 갈 거라고 한다. 추위에 구애받지 않고 씩씩하게 행군하는 박쌤은 아직 청춘이다. 체력, 의지, 호기심, 용기가 없으면 불가능한 선택이다.

여행은 가슴이 떨릴 때 해야 한다. 감동을 느끼지 못하는 여행은 그냥 유랑일 뿐이다. 계획도 없이 떠돌아다니는 베가본더(vegabonder, 유랑자, 방랑자)는 늘보가 되기 십상이다. 내가 그렇지 않을까 은근 걱정이 되었다.

정답은 하나가 아니다

스무 살 청년이 왔다. 다합 최연소 한국인이다. 고등학교를 졸업한 후 공사판에서 막노동을 해 돈을 모아서 왔는데, 6개월간 다합에서 지내며 스쿠버다이빙과 프리다이빙을 배워 강사 자격증까지 따겠다는 포부를 가지고 있다. 다합에 올 때 보통 비행기를 한 번 갈아

타고 오는데 두 번이나 갈아타며 몸으로 때워 20만 원 정도를 절약한 그가 기특했다. 관광객 식당에는 절대 가지 않고 현지인 식당에서 싸고 간단하게 식사를 해결했다. 대견하고 예쁜 청춘이다.

유튜브를 하며 석 달째 세계 여행 중인 30대 미혼 여성 2명도 함께 있다. 도전 정신이 놀랍다. 며칠 전 우리 숙소에서 한식을 체험한 키르키스탄 출신 여성 2명의 스토리도 흥미로웠다. 다이빙 어시스턴트와 포토그래퍼로 일하면서 몇 년째 보헤미안의 삶을 살고 있다. 자신감, 독특한 캐릭터, 프로 의식이 돋보였다.

유쾌한 수정 씨

워킹우먼 수정 씨는 해피 바이러스 유포자다. 결혼한 지 얼마 되지 않았는데 등 떠밀어 한 달 동안 여행을 보내준 남편도 대단하다. 참 멋진 부부다. 수정 씨는 짧은 기간이었지만 다합의 마당발, 소식통, 분위기 메이커 역할을 제대로 했었다. 인기가 얼마나 높은지 3주간 룸메였던 유쾌한 수정 씨가 떠나는 날 열린 최후의 만찬(?)에는 언니, 오빠, 동생, 삼촌 등 10명이 넘게 참석하여 석별의 아쉬움을 함께 나누었다.

샤름 엘 셰이크 공항으로 떠날 시간이 되자 어둠 속에서 더 많은 동포들이 출현했다. 포옹하고 악수하고 사진 찍느라 길이 막혀서 차량 통행이 잠시 막힐 정도였다. 이집션들은 동양인들의 난리 법석이 신기했는지 빵빵거리지도 않고 구경하면서 기다려주었다.

룸메로 지내며 여행에 대한 대화를 하다 보니 전문성과 추진력이

★ 해피 바이러스 유포자 수정 씨를 위한 역대급 환송회

대단한 프로여서 놀랐다. 떠날 때는 가지고 왔던 물품들을 남아 있는 사람들에게 골고루 나누어주는 걸 보고 통 큼에 다시 한번 놀랐다. 그것도 그냥 주는 게 아니라 각자에게 필요하거나 알맞은 것을 세심하게 찾아서 줬다. 하늘을 찌르는 인기의 이유를 알 것 같았다.

셰어하우스에 오래 지내다 보니 새로운 사람을 맞이하고 얼마 있다가 떠나보내는 게 일상이 되었다. 보고 즐기는 여행도 좋지만 다양한 사람들을 만나 모두가 다름을 배우는 여행이 더 좋아진다.

행복을 마시는 시간

사막, 황무지, 모래바람, 갈증, 쪽빛 바다, 거칠고 투박한 사람들이 사는 땅에 온 지도 벌써 50여 일이 지났다. 아직은 태양이 머리 벗겨질 만큼 뜨겁지는 않다. 피부가 웰던으로 구워질 만큼 뜨거워지기 전까지는 이집트에서 지내려고 한다.

떠나기 전에 이집트 큰 바닷가 도시인 알렉산드리아와 북부에 있는 시와 사막의 오아시스 마을로 가서 야자나무 밑에서 늘보 놀이나 하면서 가장 게으른 인간으로 살아보려 한다. 해와 달을 동시에 보면서 세월과 시간을 잊고 지내야겠다. 바닷가와 사막에서의 인생 소풍도 나쁘지 않다.

'Think happy, Be happy~'

브런치로 아점을 때우면서 행복하다고 생각하니 진짜 행복한 느낌이 든다. 저녁 바닷가 카페에서 주스 한 잔 놓고 행복을 마신다고 생각하면 온몸에 충만감이 흘러 퍼지는 느낌이 든다.

이놈의 아프리카 변방 다합의 매력은 아직도 정확히는 잘 모르겠지만 행복하다는 건 확실하게 느낀다. 내게 다합은 홍해의 바닷가 마을이 아니다. 내겐 사막의 오아시스 같은 마을로 느껴진다. 이대로 내 인생의 봄날을 붙잡고 싶다.

★ 사막에서 만난 낮달

격려와 응원이
필요한 사람들

한 지붕 아래 사는 러시아인과 우크라이나인

아는 수단계 이집트인이 집세를 받으러 가는데 함께 가보겠느냐고 물었다. 당근이지~. 집 구경도 할 겸 따라나섰다. 번듯한 2층 양옥이다. 아래층에는 거실 겸 식당과 주방 그리고 화장실이 있다. 2층에는 3개의 침실이 있다. 높은 담장 안에 있는 마당도 넉넉하다. 한 달 집세가 130만 원 정도란다. 이집트에선 진짜 후덜덜한 가격이다.

도대체 누가 이런 집에서 사는지 궁금했다. 대문을 열고 나온 건 서양 사람이었다. 돈 많은 미국인이나 유럽인이 사는가 보다 생각했다. 안내를 받아 집 안으로 들어가자 파티라도 하는지 거실 한가득 사람들이 앉아 있고, 아이들은 소파 위를 신나게 뛰어다니며 놀고 있었다. 대충 집 안을 돌아보고 나오려 하자 210cm나 되는 거한이 나를 불렀다. 약간 쫄았다. 뭔 일이래?

자기가 손님들을 위해 공연을 할 테니 감상하고 가라는 것이었다.

★ 13명이 함께 모여 사는 집

공짜! 그거 조오치~ 우레와 같은 박수를 날려주고 자리에 앉았다. 듣다 보니 이건 러시아 노래 아닌겨벼? 암튼 열심히 노래하니 일단 진지한 자세로 감상했다. 한 곡이 끝났다. 뜨거운 박수 쳐주고 일어나서 나오려는데 아직 끝난 게 아니라고 한다. 다시 자리에 앉았다.

　다음 노래를 시작하기 전에 주방에 있던 슬라브게 여성이 나와서 멘트를 했다.

　"노래하는 사람은 러시아인이고 나는 우크라이나인이다. 이 집에는 지금 13명이 산다. 전쟁으로 귀국길이 막힌 러시아인과 우크라이나인이 경비를 절약하기 위해 큰 집을 빌려서 함께 모여 살고 있다. 지금 두 나라가 전쟁하고 있지만 우리는 서로 미워하지 않는다. 우리는 예전에도 지금도 서로 친구다. 우리는 전쟁을 반대하고 미워한다."

　갑자기 분위기가 숙연해졌다. 이야기를 듣자 거한의 애조 띤 보이스가 왠지 슬프게 들렸다. 감정이입이 되고 나니 노래도 연주도 훨씬 멋지게 들렸다. 처음에는 어색해서 사진도 못 찍었는데, 나올 때는 악수하고 포옹하고 등 두드려주고 사진 찍고 엄지척하고 분위기가 뜨거웠다. 빨리 전쟁이 끝나기를 빈다. 21세기에 선량한 사람들이 수도 없이 죽어나가는 현실이 통탄스럽다. 그래도 착한 사람들의 프렌드십을 보니 조금은 위안이 되었다.

이집트 워킹우먼의 삶

나다는 다합에서 알게 된 30대 이집트 여성이다. 2014년에 교환학생으로 한국에 와서 K대학에서 1년간 공부했단다. 한국어를 쓸 기회가 없어 거의 잊어버렸다고 안타까워했다. 이집트에 돌아와 대학을 졸업하고 취직을 했지만, 조건이나 환경이 열악해 몇 군데 직장을 옮겨 다니다가 일자리를 찾아 다합으로 왔다. 여기서는 외국인을 상대로 전통 공예품을 파는 마케터로 근무하고 있다. 동료 2명과 같이 살고 있다.

하루는 나다와 그녀의 동료인 요르단 여성 마리샤를 저녁 식사에 초대했다. 나다는 카레와 미역국, 김치와 깍두기 상차림을 보더니 감격해했다. 영어가 아니라 한국어로 대화하고 싶어 했다. 주방에서 요리하는 걸 구경하면서 음식 재료를 가리키며 한국어로 뭐라고 하냐며 계속 물었다. 당근, 오이, 호박, 미역, 무, 배추 등을 따라 하며 좋아라 했다.

왜 나다는 가족이 살고 있는 카이로를 떠나 먼 다합으로 왔을까?

★ 나다가 만든 김밥. 아만다 호텔 주말 장터

이슬람 국가 사람들은 여성은 집에서 살림이나 해야 한다는 고정관념이 확고하게 박혀 있다. 식당이나 가게에 가도 전부 남자가 서빙하고 일한다. 여성이 일하는 건 거의 보지 못했다.

그래도 다합은 외국인 관광객들로 먹고사는 곳이라 외국인을 상대로 하는 직종에 가물에 콩 나듯 여성 일자리가 있어 나다도 마리샤도 이곳으로 온 것이다. 그러나 다합에서도 여성들이 일하는 걸 보기 힘든 건 마찬가지다. 능력과 의욕이 있는 여성도 어쩔 수 없이 여필종부로 살아야 한다.

오늘은 나다가 일주일에 한 번 먹거리를 만들어 판다는 아만다 호텔 주말 장터에 갔다(이슬람은 금요일이 일요일이다. 그래서 목요일에 장터가 열린다). 직접 만든 김밥과 손으로 짠 목도리를 판매하는 나다를 응원하기 위해서다. 20,000원 정도 하는 예쁜 목도리를 하나 샀더니 첫 구매 손님이라며 고마워했다. 김밥은 16개를 만들어왔는데 다 팔고 2개 남았단다. 열심히 사는 나다에게 격려와 응원을 보내며 나머지 2개를 사줬다.

이집트와 요르단은 상호 도착 비자를 요구하지만 비자피는 내지 않는다. 다른 외국인들은 비자피 25달러를 내야 한다. 사실상 이집트와 요르단은 프리 비자인 셈이다. 그래서인지 이집트에는 요르단에서 온 여행자들이 많다.

하루는 요르단에서 다합으로 일주일간 휴가를 즐기러 온 요르단인들을 만나 식사를 함께했다. 요르단에서 온 30대의 컴퓨터 엔지니어들이다. 나다와 그의 남자 친구와 함께 택시를 타고 다합 시내에서 제법 떨어진 앗살라로 갔다. 그 지역 식당에서 만나기로 했는데 다합 시내와는 전혀 다른 분위기였다. 골목의 주택을 개조한 고급 레스토랑과 카페들이 생소했다. 아프리카 땅에서 만개한 부겐빌레아가 담 너머로 화려함을 뽐내고 있다니 신기했다. 골목 끝으로는 홍해 바다가 시원스레 펼쳐져 있었다.

★ 다합 시내와는 전혀 다른 분위기의 고급 레스토랑. 부겐빌레아가 예쁘게 피어 있다.

★ 퓨전 스타일의 레바논 푸드

약속 장소는 레바논 푸드 전문점이었다. 순간 약간의 혼란이 왔다. 레바논은 내전과 종교 분쟁과 테러로 경제가 폭망한 나라가 아닌가. 그런 나라 음식이 이집트 고급 레스토랑에서 인기를 끌고 있다는 게 선뜻 이해가 안 되었다. 그런데 막상 나온 음식을 보니 레바논 전통 푸드를 대중적인 퓨전 스타일로 바꾼 것 같았다. 누구나 부담 없이 먹을 수 있도록 비주얼과 맛을 낸 것이었다.

2층 테이블에서 바라보는 화려한 꽃들, 그리고 바다 풍경과 조화를 이루는 레스토랑이다. 1인당 12,000~16,000원 정도로 이집트 물가를 생각하면 비싼 가격이지만 젊은 손님들이 많았다. 극동아시아의 한국 사람이 아프리카 땅 이집트에서 중동 국가인 요르단 사람을 만나서 레바논 푸드를 먹으며 웃고 떠들다니 이런 게 자유여행의 또 다른 즐거움인 것 같다.

이사를 했다,
장기 배낭여행자의 삶을 시작했다

킴셰프와 함께, 거의 두 달을 머물렀던 게스트하우스에서 나왔다. 번잡한 시내를 살짝 벗어난 곳에 있는 하우스를 렌트했다. 방 3개에 침대 4개, 거실과 주방, 샤워장과 화장실이 있는 1층 단독주택이다. 식탁과 소파, 가스레인지와 세탁기, 주방용품 등이 모두 갖추어진 풀 퍼니처 하우스다. 시장에 가서 우선 새 이불과 베개를 샀다. 남는 방은 다이빙하러 온 청년들이 셰어하기로 했다. 조건이 좋은 탓에 이사 첫날 바로 룸 셰어가 끝났다.

새로 이사한 집은 내가 소원했던 마당이 넓은 집이다. 한국에서 오랫동안 아파트에 살았더니 우리에 갇힌 것 같아 답답했다. 나이 들면서 점점 더 아파트가 싫어졌다. 흙과 식물이 있는 마당을 그리워했다. 이사한 집에서 가장 맘에 드는 건 마당의 나무 그늘이다. 비록 플라스틱 의자지만 시건방진 폼으로 느긋하게 앉아 여유를 누렸다. 시

★ 다합에서 오래 머물게 해준, 마당이 있는 집

원한 바람을 맞으며 마냥 게으름에 빠질 수 있다. 낮은 담장 너머로 가끔씩 오가는 사람들이 들여다보기도 하지만 그런 건 상관없다. 여기는 나만의 영토니까.

거실과 주방은 넓고 햇살이 잘 든다. 화장실과 널찍한 킹사이즈 침대가 있는 방을 쓰게 되다니~ 갑자기 돌쇠가 대감이 된 것 같은 기분이었다. 셰어하우스에 있을 땐 화장실 하나를 여러 사람이 같이 사용했다. 샤워도 빈 시간을 노려 적당히 눈치 봐가며 했다. 화장실에도 러시아워가 있어 해우소의 느긋함 대신 공중화장실의 촉박감에 불편했다. 난 어떤 환경에도 잘 적응하고 어떤 불편함도 잘 이겨내는 체질이라고 생각했다. 심지어 타고난 유목민이라고 자백하기까지

했다. 그런데 이사하고 어린애처럼 좋아라 한 걸 보니 그게 아닌 것 같았다. 속으로는 편안함과 안락함을 좇는 범생이였던 것이었다. 단지 피할 수 없으면 즐기자는 맘이었던 거다.

누가 들으면 엄청 비싸고 좋은 집으로 옮긴 걸로 오해할 것 같다. 전혀 아니다. 초가집 살다가 슬래브 집으로 이사를 가면 처음엔 궁전 같은 기분이 드는 법이다. 모지리가 남이 웃는 것도 모르고 자랑질 하는 거다. 집 떠난 지 4개월 정도가 되어 유랑이 길어지니 몸과 마음이 편안하게 쉴 수 있는 환경이 필요했다. 그래서 새집을 찾아보던 중이었다. 그동안 몇 군데 집을 보았지만 여러 이유로 계약을 하지 못했다. 오가며 영국인이 살다가 귀국해서 대문에 열쇠가 채워진 비어 있는 집이 눈에 들었는데, 한 중개인이 소개한 집이 딱 그 집이었다. 오매! 우연이 아니고 인연인가벼. 바로 돈을 지불하고 당일로 이사를 마쳤다. 사막을 건너는 대상들에게 오아시스는 생명수다. 떠도는 늙은 유랑자에게는 마당이 구원이다.

비우고 버리고 내려놓고 잊어버리기

마당의 나무 그늘 아래서 밥을 먹고 차를 마시고 책을 읽고 인터넷을 하면서 하루의 대부분을 보냈다. 꽉 막힌 벽이 없으니 가슴이 뚫렸다. 나에겐 셸터(Shelter, 피난처)이고 아쉬람(Ashram, 안식처)이었다.

그런데 공짜는 없는 법이다. 매일매일 수북이 쌓이는 낙엽을 쓸어내는 수고를 해야 했다. 4월인데도 낮 기온이 35도까지 올라가고 새벽에는 22도까지 내려갔다. 일반적으로 낙엽은 5도 이하로 내려가면

★ 매일매일 마당에 낙엽이 수북이 쌓였다. 비정상 종족 회담. 이집션, 베두인족, 수단인, 코리안~

엽록소 파괴와 자기 분해를 통해 생존 채비를 한다. 그런데 공기도 땅도 바람도 모두 뜨거운 열대의 땅에서 이게 뭔 일이람?

녹색 이파리 사이로 햇살이 일렁이며 쏟아져 내리면 땅 위의 생명체들은 기쁘게 들숨 날숨을 호흡하며 생존하고 성장한다. 나도 그렇다. 하지만 속절없이 흩날려 사라지는 것도 있더라. 여름 낙엽은 나에게 속삭였다.

"변색한 잎을 떨어뜨리지 않으면 나무는 푸르름을 지킬 수 없는 법이란다. 버려야만 새살이 돋고 당당해지는 거란다. 너도 버려라. 뒤돌아보지 말아라. 옛것, 추억, 그리움, 교만, 편협, 고정관념, 아쉬움, 미움 따위는 다 떨어뜨려 버려라. 그건 낙엽이다. 비우고 버리고 내려놓고 잊어버려라. 너도 새로워져라. 앞만 보고 걸어라. 사랑, 긍정, 낮춤, 베풂, 칭찬, 배움, 몰입, 꿈꾸기, 원만함 같은 새로운 것들로 가득 채워라. 그건 싱싱한 새 잎새다. 스스로 노력하고 변해야 한다. 충만과 성장은 저절로 이루어진다."

나는 착하게 대답했다.

"옛썰!"

내 인생 2막을 잘사는 방법은 오로지 버리고 변하는 것이 아닐까?

하루하루가 소풍이다

매일 바닷길을 걷고, 카페에서 글 쓰고, 맛나게 먹고, 피곤해서 곯 아떨어지는 단조롭고 단순한 일상이 좋다. 여기서 내 영혼은 자유로 워졌다. 머리와 가슴을 비웠다. 얼굴은 아프리카노처럼 타버렸지만 몸은 확실히 건강해졌다. 정치와 이념은 참 부질없고 쓰잘데기가 없 다. 새로운 사람들을 만나서 듣는 것만으로도 배우고 성장한다.

말로만 생각으로만 카르페 디엠(Carpe Diem, 현재 이 순간에 충실하라)이 아니라 실천으로 아모르 파티(Amor Fati, 운명을 사랑하라)다. 물가도 싼 데 다가 사는 게 단순해지니 크게 돈 들어갈 일도 별로 없다. 경제적인 안도감은 심신의 여유를 갖게 한다. 그리움과 사랑 때문에 울지 않는 다. 바보들 때문에 짜증 내거나 상처받지 않는다. 미움 받을 일도 미 워할 일도 없다. 나에겐 참 편한 셸터다. 블랙홀에도 빠져보고, 타임 머신도 타보고, 정신 줄 놓고 멍때리기도 하면서 나만의 시간을 가졌 다. 비울수록 채워지는 나만의 여행에서 비로소 충만감과 평화를 얻 었다.

이제 제대로 장기 배낭여행자의 삶을 시작한다. 죽는 날까지 노마 드로 살고 싶은 나의 꿈을 본격적으로 펼치려 한다. 인생은 폭풍이 지나가기를 기다리는 것이 아니고 빗속에서 춤추는 법을 배우는 것 이다. 하루하루가 소풍이다.

라마단 기간에 바비큐 파티?

이슬람의 라마단 기간은 4월 한 달 내내다. 해가 있는 낮에는 음식은 물론이고 물 한 모금도 마시지 않는다. 해가 수평선 아래로 완전히 저물면 그때 비로소 음식과 물을 먹고 마신다. 완전 단식은 아니다. 주금야식(주간 금식, 야간 취식)이다. 현지인들은 일상을 잠시 멈추거나 늦춘다. 그러나 먹고사는 일은 라마단보다 더 절박하고 중요하다. 관광지는 정상적으로 문을 열고 영업을 한다. 많은 로컬 가게나 식당들은 이 기간을 이용해 미뤄뒀던 수리나 보수 공사를 한다. 통행을 막고 해야 하는 도로 공사 등도 이때 해치운다.

하필 이런 때에 바비큐 파티를 하게 됐다. 방위병 출신으로 나중에 높은 자리에 오른 친구가 한 말이 떠올랐다. "병역법 열 번 읽어보면 군대 안 가도 되는 구멍이 보인다~" 예외없는 법은 없다더라. 라마단의 금식에도 예외가 있다. 노인이나 환자 등등, 그리고 여행자도 포함된다. 알라신께서는 자신의 경험을 통해 여행자의 고달픔과 배고픔을 잘 알고 있는 거다. 땡큐! 알라!

예외에도 불구하고 라마단 기간이라는 게 마음에 걸리긴 했지만, 파티를 하게 된 건 사연이 있었다. 여기 오래 있던 여성분이 혹시라도 기아선상에 빠지는 불상사가 발생할까 우려하여 많은 양의 고기를 냉동 비축해왔단다. 그런데 기아는커녕 다이어트를 해야 할 정도로 잘 먹고 잘 지내고 떠난다며, 바야흐로 궁짜의 시기에 그 비싼 고기를 헐벗고 굶주린(?) 다합 한국 동포들에게 무려 공짜로 방출하신 것이었다!

한번 웃어 보자고 MSG를 좀 뿌려서 설명했지만, 사실 그분은 늘

★ 다들 바비큐 파티 준비하느라 분주하다.

배려하고 베푸는 천사다. 말없이 웃으면서 청춘들의 구라를 경청해주고 맞장구쳐주고 심지어 뒷정리까지 도맡아서 다 했다. 고기도 꼬불쳐둔 게 아니라 춘궁기에 풀려고 모아두었던 것이다.

고기를 보태주고 바비큐 그릴을 가져오고 숯불을 준비하는 등 완벽하게 후방 지원 임무를 완수해준 서우 동생의 헌신과 노고가 돋보였다. 해병대 고속 돌격 상륙 주정의 대원이었고 지금은 최고의 다이빙 강사다. 묵묵히 최선을 다하는 모습이 멋지다. 기타를 두 개씩이나 메고 와서 출연료도 안 받고 고급진 노래를 불러준 선영쌤도 고맙다. 선영쌤은 성악을 전공한 프리 다이빙 인스트럭터이다. 그리고 혁이, 건우, 은희 씨, 마이크 줄을 몸에 감고 절대 놓지 않는 전설의 디바… 모두 예쁘다.

세계 여행자라는 공통분모가
만들어준 시절 인연

청춘들과 뜨거운 시간을 보내다

여행 유튜버인 빠니보틀과 캡틴따거가 며칠 후면 다합을 떠나 다시 여행길에 오른다기에 송별의 자리가 마련되었다. 신참 유튜버 겨레까지 합류해서 세계 여행을 하고 있는 3명의 30대 청년들이 함께하니 여행 얘기로 열기가 더해졌다. 짜장밥과 된장찌개가 순식간에 동이 났다. 맥주와 와인도 금세 비워졌다. 돌아가며 자발적으로 나가서 계속 술을 사왔다. 소문을 듣고 찾아온 청춘들이 점점 늘어났다. 좁은 거실에 열댓 명이 모였으니 분위기가 뜨거울 수밖에 없다. 대부분이 외롭게 홀로 장기 배낭여행을 했기에 이런 분위기를 너무 좋아해 자정이 넘어서야 자리가 끝났다.

내가 한국에 있었다면 과연 이렇게 청춘들과 어울릴 수가 있었을까? 어림 반푼어치도 없다. 장장 6시간 동안 먹고 마시고 떠들고 웃고 얼싸안고 뜨거운 시간을 함께했다. 세계 여행자라는 공통분모가 있었기에 나이와 세대를 뛰어넘어 친구가 될 수 있는 것이다. 스물두 살 총각도 서른네 살 청춘도 나의 호칭을 큰삼촌 대신 큰형님으로 바꿨다. 보람 있고 행복한 하루였다.

유랑 종족의 후예, 빠니보틀

빠니보틀과의 만남은 행운이었다. 나이는 내가 2배나 많지만 배울 점은 빠니보틀이 2배도 더 많았다. 이역만리 아프리카 땅에서 일면식도 없는 사람들끼리 만나자마자 형님 동생이 된다는 게 말이나 되는 거냐고~ 아마도 전생에 무슨 인연이라도 있었나 보다. 아니면 같은 유랑 종족의 후예일지도 모르겠다.

빠니보틀은 우리나라 여행 유튜버 중에서 최고의 구독자를 자랑하는 유명 인사다. 그를 만나서 소통하며 또 새로운 걸 배웠으니 이게 성장 여행인 거다. 떠나오길 잘했다는 생각이 들었다. 나의 무모함에 감사한다.

빠니는 인도 말로 '물'이라는 뜻이다. 보틀은 영어의 '병'이다. 그러니까 '물병'인 거다. 물도 담고 술도 담고 간장도 마다 않고 담는 물병이다. 솔직히 말해 그는 유튜브 영상보다 인간성이 더 훌륭했다.

빠니보틀은 남미에서 장비가 든 가방을 도둑맞고 멘붕에 빠져 여행을 접을 생각까지도 했었단다. 오래 여행을 하다 보니 감동과 감흥도 느끼지 못할 정도로 지쳤다고 했다. 다행히 아프리카 한구석에 와서 회복을 이루었다. 다시 힘차게 여행을 시작하는 물병에게 뜨거운 성원의 물개 박수를 보낸다.

모든 인연에는 오고 가는 시기가 있다. 굳이 애쓰지 않아도 만날 사람은 만나게 된다. 아무리 애를 쓰고 노력해도 인연이 닿지 않으면 만나지 못한다.

서울에서 8,400여km 떨어진 이집트의 다합에서 공군 학사장교 134기 출신에다 병과까지 나와 같은 까마득한 후배를 만났다. 그는 제대하자마자 세계 여행을 시작했다. 연조는 짧지만 구독자가 10만 명을 넘어선 유명한 유튜버 캡틴따거다. 캡틴은 대위로 전역했기에 따왔고, 따거(대형, 빅브라더)는 중국에서 중고교와 칭화대를 나왔고 스케일이 커서 군대에서부터 불렀던 별명이란다.

그는 겸손하고 유쾌하고 친화력이 좋다. 특히 "사람이 좋아서 여행한다"는 그가 여행을 하는 이유와 방식이 맘에 든다. 나도 그렇다. 캡틴따거가 다이빙을 하다가 만났다면서 후배 하나를 데려왔는데 공군 학군 45기 정보통신병과 출신 후배였다. 우린 한국식으로 먹고 마시고 떠들고 얼싸안고 난리 블루스를 췄다. 머나먼 타국에서 이렇게 만나는 건 시절 인연이다. 행복한 만남이다.

캡틴따거가 떠난다고 인사를 하러 왔다. 나장배(나 홀로 장기 배낭여행자)들은 만났다가 때가 되면 각자의 길로 헤어지는 데 익숙하다. 그런데 예비역 대위 문신호와 헤어지는 건 많이 아쉽고 서운했다. 건강하고 멋진 여행하라고 등 두드려주어 보냈다. '캡틴따거의 세계 여행' 유튜브가 대한민국 최고가 되기를 빈다. 지구별 어디에선가 인연 따라 우연히 또다시 만나게 될 것 같은 예감이 든다.

★ 안녕 잘가! 유튜버인 빠니보틀, 캡틴따거, 김겨레! 그리고 다합에서 함께한 청춘들(왼쪽에서 시계 방향으로)

화이팅! 김겨레

3주 정도 함께 지냈던 부산 총각 겨레가 카이로로 떠났다. 이제 여행을 시작한 지 7개월밖에 안 됐지만 포스와 기세가 대단하다. 스스로 원더러(Wanderer, 방랑자)를 자처하는 겨레는 볼수록 진국이다.

나는 여행하면서 많은 여행 유튜버들을 만났다. 최정상급 유튜버부터 중견급 유튜버, 그리고 새내기 유튜버까지 다양했다. 직접 만나서 어울리다 보니 성공한 유튜버의 특징이 보였다. 가장 큰 공통분모는 영상보다 인간성이 훨씬 더 좋다는 사실이다. 꿈을 향한 도전, 헝그리 정신, 최선을 다해 노력하는 자세, 따뜻한 인간미.

유튜버 '겨레랑'의 시작은 미약하나 끝은 창대하리라 믿는다. 칠십

살과 서른한 살이 뭉쳐서 아프리카 동물의 왕국을 같이 가보자고 굳게 다짐했다.

오매! 말이 씨가 된다고 약속이 이루어지는 기적 같은 일이 벌어졌다. 다합에서 파티를 하던 날 연주와 겨레가 동물의 왕국을 보기 위해 케냐의 마사이마라에 가자고 의기투합했다. 겨레가 나를 불러서 삼촌도 함께 가자고 한다. "Of course! Why not?" 말이 나오자마자 비행기표부터 질렀다. 다른 사람도 함께 가고 싶어 했지만 황열병 예방접종을 하지 않아서 불발되고 말았다. 황열병 예방접종을 한다고 바로 탑승할 수 있는 건 아니다. 접종일로부터 10일이 경과해야 유효하다. 아프리카에 갈 흑심을 품고 한국에서 미리 황열병 예방접종을 한 게 빛을 발했다. 참고로 1회만 접종하면 평생 예방이 가능하다.

다합 탈출의
순간

유튜버 빠니보틀이 내게 "여행은 진짜 위험한 짓이다."라는 말을
했다. 제대로 여행의 유혹과 매력에 빠지면 블랙홀 같아서 헤어나기
어렵다는 뜻이란다. "위험을 감수하는 사람만이 오직 진정으로 자유
롭다"는 자넷 랜드의 〈위험들〉이라는 시의 마지막 구절이 떠오른다.

나는 왜 여행을 하는 걸까? 어떤 여행을 원하는 걸까?

내 유랑의 정체성을 의심하며 되씹어보게 된다. 나의 지친 영혼과
육신이 자유를 누리고 있는 건 맞다. 보고 찍고 스쳐 지나가는 '눈으
로 하는 여행'이 아니라 길게 살아보면서 전혀 다른 문화와 사람들을
만나고 배우고 느끼고 성장하는 '가슴 여행'을 하고 있는 것도 맞다.

그런데 말이지, 아무리 멋진 표현을 둘러대며 떠들어봐도 현재에
안주하고 있다는 건 부정할 수가 없다. 안락함의 꿀맛은 쉽게 뿌리칠
수가 없다. 게으름을 여유라고 합리화한다. 빈둥거림을 최고의 힐링

이라고 자빡하며 지냈다. 바람처럼 살자던 멋진 맹세도 한낱 구라가 되고 말았다. 치유와 회복과 안전을 핑계로 내세우며 길 위에서만 가능한 성찰과 도전과 모험을 미루고 있다.

엉터리 사이비 여행자가 된 기분이 든다. 그나마 다행인 건 매일 무작정으로 걸으면서 반성한다는 것이다. 뉘우침과 이해와 용서의 마음을 회복해가고 있다. 그래, 나는 게으르고 느리지만 죽는 날까지 지구별 유랑을 절대 멈추지 말자. 유랑을 통해 나를 변화시키는 게 나를 살게 할 거라 믿는다.

써놓고 보니 마치 국기에 대한 맹세 비스꾸리한, 여행에 대한 맹세가 된 것 같아 쑥스럽지만 뱉어내니 한결 낫다.

편하다고 느껴질 때가 떠나야 할 때

혼자 여행하는 과정 중에 90%는 힘들다. 그러나 멈추고 싶은 10%의 즐겁고 기쁜 시간이 있어 지치지 않는다. 그래서 멈추지 않고 계속 걸어 나간다. 꽃이 피는 시간은 짧다. 긴 시간 모진 비바람을 견뎌내야 꽃을 피울 수 있다. 찰나 같은 화려한 순간을 위해 힘든 과정을 참아내고 이겨낸다.

내가 노마드가 되어 힘들다는 아프리카를 무사히 여행할 수 있었던 에너지의 원천은 다합의 힘이었던 것 같다. 다합은 코로나 팬데믹 시대에도 '청.바.지.(청춘은 바로 지금)'로 사는 액티브 여행자들과 장기 배낭여행자들의 성지였다. 레스토랑, 카페도 다양하고 퀄리티도 좋아서 지내기에 불편함이 없다. 팬데믹 시대에도, 공포에 짓눌려

★ 다합 해변에서 라구나 비치 가는 길에 있는 뷰가 예쁜 카페
★ 라구나 비치는 청춘들의 액티비티 천국이다.

사는 사람들은 도저히 상상할 수 없는 별천지였다. 자유와 여유가
넘쳤다.

2022년 1월 20일 다합에 도착해 4월 17일에 떠나니 거의 석 달을
좁은 동네에서 잘도 지냈다. 다이빙의 천국 다합에서 한 번도 바닷속
에 들어가지 않았지만, 매일 홍해 트레일을 걷고 바닷가 카페에서 글
을 쓰며 지냈다. 여기서 참 다양한 사람들을 만나 제대로 사람 여행
을 했다. 몽골에서 온 킴세프, 세계를 유랑하는 영원한 보헤미안 민
우, 오스트리아에서 온 하영, 노르웨이에서 온 은희 씨, 여행사에 다
니다 휴가온 수정, 다이빙의 여신 선영쌤, 다이빙의 여제 명쌤, 유튜
버로는 빠니보틀, 캡틴따거, 겨레, 서우를 만났다. 거기다 사람 좋은
부동산 중개인 오스만, 렌트 하우스의 주인인 기두, 한국에서 유학했
던 나다, 모하메드를 비롯한 베두인 친구들, 타지키스탄 처녀들, 요
르단 친구들, 러시아와 우크라이나 난민들…. 새로운 사람들과의 만
남에서 많은 걸 배우고 깨닫고 성장했다.

★ 베두인족과의 만남. 엉뚱하게 집 렌트 상담을 했다. 다합에서 장기 체류 중인 동유럽 출신 다이버
와 포토그래퍼. 다국적 친구들. 다합 최고의 부동산 중개인 수단 출신 이집션

다합에서 내가 원하고 바라던 여행을 했다. 노마드에게는 모든 게
익숙해지고 가장 편하다고 느껴질 때가 바로 떠나야 할 때다. 지금
이 그때다. 여행은 함께 그리고 홀로 가는 길이다. 여기서 만난 청춘
2명과 케냐로 함께 떠나기로 했다. 드디어 다합 탈출의 순간이 왔다.
본격적인 아프리카 여행의 첫발을 내딛게 된 건 시절 인연 덕분이다.

요염한 매력을 감춘
알렉산드리아

다합 생활을 정리하고, 일찍부터 점 찍어둔 이집트 북부에 있는 알렉스(알렉스는 알렉산드리아의 애칭이다)를 다음 행선지로 정했다. 다합에서 밤 9시 반에 출발하는 슈퍼젯 버스를 탔다.

요금은 330이집트파운드. 차 안에 화장실도 있고 비즈니스석 스타일의 고급스런 2층형 리무진 버스라 쾌적했다. 중간에 딱 한 번 검문이 있었다. 전에는 서너 번씩 했는데 다행이다. 짐을 다 내려서 전부 펼쳐 보여야 하는 번거로움이 있지만 경험 하나 추가한다고 생각하니 나쁘지 않았다.

장장 11시간을 달려 다음 날 아침에 내렸다. 버스에서 내려 택시를 타려는데, 역시나 운전기사가 덤탱이 신공을 펼친다. 무거운 짐도 있고 해서 적당히 타협해 40이집트파운드로 낙찰을 봤다. 알렉스 시내에서는 대부분 20이집트파운드면 택시를 타고 다닐 수 있다. 우버

★ 시내버스 정차장과 컬러풀한 트램들
★ 영화에서나 봄직한 구닥다리 엘리베이터. 예상보다 훨씬 좋았던 하루 만 원짜리 호스텔

도 있지만 택시를 탄 건 숙소를 정하지 않아 행선지를 정확히 입력할
수 없었기 때문이다. 일단 해변 쪽 다운타운으로 가자고 한 뒤 차를
타고 가면서 주변의 숙소를 검색했다. 인기와 후기평이 좋은 호스텔
을 골라서 찾아갔는데 빈 방이 없었다. 대신 두 블럭 떨어진 곳에 있
는 다른 호스텔을 소개해주었다.

　살방살방 가보니 낡은 건물 5층에 호스텔 간판이 보였다. 무거운
짐을 끌고 올라가려면 죽어나겠구나 싶었는데 반전이 있었다. 엘리
베이터씩이나 있다니! 비록 19세기에 만들어진 듯 이중문을 여닫아
야 하는 구닥다리지만 구세주 같았다. 하루에 만 원짜리 방인데, 넓

고 햇살이 밝게 들어오는 데다 싱글 침대가 3개 놓여 있는 방을 혼자서 쓰란다. 전용 세면대와 티브이와 발코니도 있었다. 청소하는 직원 3명이 시도 때도 없이 쓸고 닦아 청결했다. 부엌도 있고, 욕실과 화장실은 공용이지만 4개나 있고 손님이 몇 명 안 되니 문제없었다. 와우, 대박이다! 주저 없이 3박 요금을 질렀다.

이집트에서 두 번째로 큰 도시 알렉스는 이집트 최북단의 지중해 연안에 자리 잡고 있다. 아프리카 땅이 분명한데도 유럽 분위기가 물씬 풍긴다. 안토니우스와 클레오파트라의 정열적인 로맨스가 펼쳐졌던 무대다. 지중해의 보석이라고 불릴 만큼 요염한 매력을 갖고 있다.

지중해 해변의 한낮 풍경

알렉스 해변은 카리브해에 있는 쿠바의 수도 아바나의 말레콘과 닮았다. 튀르키예의 휴양 도시인 안탈리아의 지중해 트레일과도 비슷하다. 그러나 말레콘보다 2% 부족한 느낌이다. 같은 지중해 도시인 안탈리아와 비교해도 역시 2% 부족하다. 그래도 괜찮다. 여긴 아프리카니까. 이 정도도 훌륭하다. 비록 4일간 짧게 있었지만 매일 전망 좋은 스타벅스 2층 테라스에 앉아 2,000원짜리 블랙 아메리카노를 마시며 바라보는 알렉스의 지중해는 한 폭의 수채화였다.

알렉스는 BC 331년 알렉산드리아 대왕이 건설한 도시다. 지금도 찬란했던 고대 그리스의 일면이 남아 있다. 현재는 인구 500만 명이 넘는 이집트 제2의 도시다. 옛날보다는 많이 쇠퇴했지만 여전히 상업 활동이 활발한 중심 도시다. 모스크, 궁전, 박물관, 노천 식당, 카지노, 아름다운 정원, 오래된 등대, 고성, 모던한 호텔, 저렴한 호스텔, 아름다운 지중해 트레일, 마을버스, 땡땡거리며 천천히 가는 트램 등등 혼재된 다양함이 외국인 관광객들을 유혹한다.

하지만 등대, 고성, 세계 최대라는 도서관, 궁전과 정원, 로만 유적지, 박물관 등은 도착 첫날 인사치레 겸 예의상 설렁설렁 돌아보았다. 나머지 시간은 바닷가 산책과 낙조 구경 그리고 스타벅스에서 글쓰기 등을 하면서 보냈다.

★ 알렉산드리아 광장, 콰이트베이 요새
★ 콰이트베이를 배경으로 펼쳐진 알렉산드리아 항구, 카페에서 바라본 지중해

라마단 축제와 장엄한 일몰

알렉스의 한낮은 적막하다. 라마단 기간이라 더 한적했다. 하지만 석양 무렵이 되면 화려한 변신을 시작한다. 알렉스에서 꼭 봐야 할 건 박물관, 대도서관, 고성, 모스크가 아니다. 지중해를 따라 끝도 없이 이어지는 해변에서 장엄한 일몰을 꼭 봐야 한다.

아프리카의 하늘에 떠 있던 태양이 지중해의 바닷속으로 풍덩 빠져들어가는 순간 아랍인들의 라마단 축제가 본격적으로 시작된다. 그들의 축제는 술 마시고 춤추고 노래하는 통속적인 방식이 아니다. 태양이 숨어버린 시원한 저녁에 그들은 비로소 최고의 행복을 누린다. 하루 종일 물 한 모금도 마시지 않고 참으며 버티다가 해가 지면 목마름을 풀며 기운을 차린다. 굶주렸던 허기진 배를 채우고 함께 기뻐하고 감사를 나눈다. 허기짐 뒤에 얻는 포만감을 통해 저절로 알라 신의 위대함을 경배하고 감사를 드리는 것이다.

특히 글림베이와 스탠리 브리지 근처의 화려하고 활기 넘치는 분위기는 브라질의 리우데자네이루, 하와이의 와이키키, 하바나의 말레콘, 인도네시아 발리를 능가한다. 알렉스의 지중해 일몰 감상은 오래 잊히지 않을 추억이 될 것이다.

호기심의 불씨가 되살아나다

지중해 바닷길과 아름다운 석양, 그리고 연인들 모습. 140원 내고 타는 트램과 230원 내는 마을버스, 불야성을 이루는 없는 게 없는 야시장, 한 잔에 600원 받는 노천 티 카페, 활기 넘치는 밤의 방파제 근

★ 장엄한 글림베이 일몰

처 식당가, 밤이 되면 가족들이 나와 라마단의 허기를 채우는 외식
장소로 변하는 공원…. 게으른 여행자가 모처럼 4일 동안 바쁘게 다
녔다.

사라진 줄 알았던 호기심의 불씨가 되살아난 느낌이다. 사진도 많
이 찍어 댔다. 알렉산드리아는 영광과 몰락, 번성과 쇠락의 상반된
모습을 함께 품고 있는 양면성의 도시다. 찾아봐야 보이는 매력을 감
추고 있는 재미난 도시다. 오길 참 잘했다.

★ 라마단 기간에는 밤이 돼야 음식을 먹을 수 있다. 화려한 스탠리 브리지 야경

신통방통한
이집트 생생 정보

막연하게 멋대로 상상하고 가면 실망하고 제대로 알고 가면 만족하는 이집트다. 참고로 유튜브나 미디어에서 한류 열풍이 대단하다고들 하지만 일반적인 건 아니다. 젊은 층에 한정적이다. 우리나라에서 트로트층과 BTS층이 다른 거나 마찬가지다.

항공권과 도착 비자

이집트는 터키 항공을 주로 이용한다. 환승편이라 시간이 조금 많이 걸린다는 걸 감안해야 한다. 항공기 스케줄 믿다가는 큰 낭패 본다. 특히 연계 환승이 아니고 자가 환승일 경우는 충분한 여유 시간을 둬야 한다. 항공사 사정으로 다음 비행기를 못 타도 책임지지 않는다. 보험을 들었거나 여행사를 통한 경우라면 시간이 걸려서 그렇지 그나마 괜찮다. 개인이 보상을 받으려면 지난한 투쟁을 해야 한다. 머리에 지진 나고 성질 나빠진다. 이집트는 입국 시 리턴 티켓은 확인하지 않는다.

예전에는 출발 전에 한국에서 비자를 받아 가야 했지만 지금은 공항에서 25달러 내고 도착 비자를 받으면 된다. 입국 심사대로 가기 전에 비자 스티커를 파는 창구가 있다. 유효 기간은 30일이다.

──────────   **연장 비자는 무조건 6개월**

이집트는 도착해서 한 달을 넘기면 만료일 전에 이미그레이션 오피스에 가서 비자 연장 신청을 해야 한다. 하루를 넘기거나 6개월을 넘기거나 날짜에 상관없이 무조건 6개월 연장 비자를 받아야 한다. 비자 연장을 제대로 하지 않으면, 출국할 때 한 달 이내는 1,800이집트파운드(약 14만 원)를 패널티로 물린다.

연장 비자피는 1,710이집트파운드다. 재미난 건 동일한 금액을 냈는데 같이 간 사람은 6개월짜리를 받고, 나는 기간이 두 배인 1년짜리 비자를 받았다. Buy 1 Get 1이다. 이유를 물었더니 은퇴한 시니어를 위한 우대 제도란다. 물론 고마운 제도이긴 하지만 이집트에서 1년씩이나 지낼 일이 없으니 그리 와닿지는 않았다.

신청하면 담당 공무원이 여권에 사인을 해서 임시로 비자 연장을 해준다. 정식 연장 스탬프는 2주일 후에 다시 가서 받아야 한다. 도착 비자, 연장 비자, 택시비, 점심값 등을 합하니 20만 원 정도를 비자에 바쳤다. 여기서 10년 넘게 살고 있는 한국인은 워킹 비자를 갖고 있는데 1년에 600만 원을 낸다고 한다. 이집트에서 돈을 버니 세금을

★ 샤름 엘 셰이크 이미그레이션 오피스. 다합에서 택시로 1시간 거리다.

내라는 거다. 오래 거주할수록 비자 금액이 늘어난다고 하는데 참 이
해하기가 어려운 제도다.

환율, 물가

1이집트파운드는 76.8원(2022년 2월 기준)이다. 그런데 이 책을 쓰면
서 환율을 다시 확인해봤더니 1이집트파운드가 41.5원이다(2023년 7
월 기준). 일 년 반 사이에 이집트 화폐 가치가 거의 절반가량 폭락했
다. 이집트 경제 상황이 많이 나빠졌다는 뜻이다. 당연히 이집트 서
민들의 생활은 더 힘들어진 거다.

현지인 물가와 관광객 물가가 완전 다르므로 관광객 모드로 편하
게 여행하려면 주변 국가인 튀르키예나 조지아보다 경비가 많이 든
다. 특히 유적지 입장료가 비싸고 택시비나 마차비 바가지가 심하

다. 호객꾼을 조심해야 한다. 유심칩은 보다폰이 일반적이다. 오렌지폰도 많이 쓴다. 기본 옵션 15GB짜리 최저 요금제가 적당하다. 달러나 유로로 결제 가능하다.

이집트 지방 도시에는 환전소가 없다

이집트에 도착해서 현지 화폐를 구하는 방법은 두 가지다. 환전소에서 달러나 유로화 등을 이집트파운드로 바꾸는 것이다. 아니면 비자카드나 마스터 카드로 현지 화폐를 출금하는 방법이다. 그런데 지방 도시에서는 환전소 찾기가 힘들다. 환전을 하려면 은행에 가거나 환전 기능이 있는 ATM을 찾아서 이용해야 한다.

문제는 기계 에러나 보유 잔액 부족 등을 핑계로 튕기기 일쑤라는 것이다. 카이로와 다합, 룩소르에서 시도해봤는데 모두 실패했다. 다만 후르가다의 고급 리조트 내에 있는 ATM에서는 제대로 돈이 나왔다. 반갑고 신기해서 한 번에 1,000달러를 바꿨다. 1,000달러면 15,640이집트파운드다. 보관하기도 가지고 다니기도 양이 많아 불편하지만 필요할 때 조금씩 바꾸는 게 안 되니 미리 넉넉하게 바꿀 수밖에 없었다.

★ NBE ATM

ATM 1회 최대 출금 가능 금액은 8,000이집트파운드라고 하는데 뻥이다. 실제로는 2,000~3,000이집트파운드 정도만 가능하다. 여러 차례 나누어서 뽑으면 되겠지라고 쉽게 생각했다가는 큰코다친다. 가장 수수료

★ 카이로 시내버스와 택시

가 싸다는 NBE(National Bank of Egypt)의 1회 출금 수수료가 40~50이집트파운드(한국 돈 3,000~4,000원) 정도다. 다른 은행은 더 비싸다. 심지어는 1회 출금 시 수수료로 10%를 떼는 ATM도 있다.

환전소는 드물고 은행 창구를 이용하려면 아무래도 불편하고 복잡하니 울며 겨자 먹기식으로 비싼 수수료 내고 ATM에서 카드 출금을 하도록 유도하는 것이다. 은행의 수수료 장사에 외국인은 손해를 감수할 수밖에 없다. 일반 가게에서 바꾸면 100달러에 공식 환율인 1,564이집트파운드에서 64를 빼고 1,500이집트파운드를 준다. 우리 돈으로 계산하면 5,000원 정도를 떼는 셈이다. ATM 수수료와 비슷하다. 비공식으로 환전해주는 상점은 대부분 ATM 근처에 있다. 공항에 도착하면 꼭 필요한 소액만 환전하면 된다.

카이로 거주 환경

카이로는 매연이 심하다. 그리고 모래바람 때문에 건물색이 모두

★ 카이로 칼릴리 시장. 호객 소리에 정신이 없어진다. 칼릴리 시장 옆 알 아즈하르 모스크

누런색이다. 코로나보다 황사와 매연이 더 위협적이라는 우스갯소리가 있을 정도다. 횡단보도를 찾기가 어렵다. 10차선 대로를 야간에 무단횡단할 때는 생명의 위협을 느낄 정도다.

카이로의 건물은 짓다 만 듯한 게 많다. 준공을 받으면 세금을 내야 하기 때문에 미준공 상태로 사용한다. 미관이 흉물스러운 이유다. 스튜디오방 한 달 월세가 150달러 정도밖에 안 하는데도 방이 안 나간다. 카이로에서 45km 동쪽에 건설되는 신행정수도로 이전 사업이 진행 중이다. 그래서 카이로는 집값과 집세가 떨어지는 추세다. 카이로 방값이 작은 도시 다합의 반값도 안 된다.

음식

이집트 음식은 주변 국가들에 비해 별로다. 쿠샤리(안남미에 파스타, 마카로니, 렌틸콩, 마늘, 양파를 튀긴 다음 매콤하고 쌉싸름한 토마토소스를 끼얹은 이집트 국민 간편식), 팔라펠(병아리콩을 삶아서 으깬 뒤 양파, 마늘, 파슬리, 커민, 고수잎을 넣

★ 우리 돈 1,000원 정도 하는 쿠샤리. 이집트 주식이라 할 정도로 많이들 먹는다. 가장 즐겨 먹는 팔라펠 세트 3,500원 정도. 4명이 먹고도 남는다. 빵 가운데를 벌려서 쌈밥처럼 속재료를 넣어 팔라펠을 만들어 먹는다. 다합의 앗살라 시장통 입구에서 구입한 팔라펠 1인분. 약간 고급이라 1,000원 정도. 보통은 700원 정도 한다.

고 동그랗게 빚어서 튀긴 음식), 케밥, 치킨 등이 많다. 커피는 맛이 없고, 과일과 채소도 상태가 별로다. 대신 음식 가격은 아주 착하다. 팔라펠이 10이집트파운드다(760원 정도).

대부분 음식이 담백해서 식단 조절이 필요한 사람에게 딱 맞다. 특히 다합에는 콩, 채소, 감자 등이 골고루 들어간 베지테리언 음식이 많다. 게다가 할랄 푸드라 정결하다. 좀 지내다 보면 어느 로컬 식당이 깔끔하고 맛집인지 알 수 있게 된다. 한국이나 마찬가지다. 손님이 줄 서는 식당이 맛집이다. 마트에서 한국 라면과 과자 등을 판다. 품목이 얼마 안 되고 가격이 비싸지만 가뭄에 단비 같다. 라면 하나에 우리 돈 3,000원이 넘는다. 이집트산 무로 깍두기를 만들어 먹을 수 있다. 이집트인들도 너무 맛있다고 호평을 한다.

다만, 수돗물을 주의해야 한다. 양치질을 하고 입을 헹구기 위해 수돗물을 입 안에 넣는 순간 자신도 모르게 진저리치게 된다. 냄새와

맛이 오묘하다. 생수를 사서 끓여 마시는 게 최선이다.

치안은 비교적 양호하다. 이슬람 국가라 술을 안 먹어서 그런지 싸우는 모습을 한 번도 보지 못했다. 다만 호객꾼이 많고 기념품 행상들의 호객 행위가 좀 심한 편이다.

시나이반도와 홍해는 성경에 나오는 모세의 기적 성지다. 이스라엘과의 전쟁으로 십수 년간 뺏겼다가 평화협정 이후 되찾았다. 중동과 바로 붙어 있어 과거에는 테러도 심심치 않게 발생했었다. 지금도 다른 지역보다 검문검색이 철저한 편이다. 특히 차량으로 장거리 이동할 경우 검문이 철저하다.

전기 충전 카드라는 게 우리에게는 참 생소하다. 우리나라는 전기요금 고지서가 나오면 정해진 기간 내에 내면 된다. 사용한 만큼 내는 시스템이다. 이집트는 교통 카드 충전하듯 마트에서 전기 카드를 사서 충전해서 쓴다. 카드를 계량기 오른편에 있는 투입구에 꽂아서 숫자가 나오면 빼낸다. 표시된 금액만큼 전기를 사용할 수 있다. 미리 충전한 금액만큼 전기를 쓸 수 있는 선불 시스템이다.

★ 전기 충전 카드. 숯불을 피워 과일향 샤사를 즐기는 이집션 집주인 기두 부자. 아들 기두와는 지금도 인스타로 계속 소통하고 있다.

술, 흡연

술은 지정된 주류 판매점에서만 구입 가능하다. 가격도 비싼 편이다. 단 맥주는 마트에서도 판다. 일반 식당은 술을 팔지 않는다. 주류 판매 허가를 받은 호텔 식당 같은 고급 식당에서만 판매한다.

흡연은 관대한 정도가 아니라 조장하는 것 같은 분위기다. 담배 가격도 싸다. 식당 어디에든 재떨이가 있다. 심지어 호텔 방에도 재떨이가 비치되어 있다. '샤사'라 부르는 물담배도 즐겨 피운다.

화장실

무료 공중화장실이 없다. 지하철역에도 까르푸 매장에도 화장실이 없다. 유적지나 버스 중간 휴게소에서는 유료 화장실을 이용해야 한다. 이용료는 보통 5파운드(400원)이다.

★ 카이로에는 3개 노선의 지하철이 있다. 지하철역 입구 계단을 내려가면 철문이 있다. 철문을 지나 검색대를 통과하면 개찰구가 나온다. 분위기가 삼엄하다.

출발 전 준비 사항

옷은 현지 시장에서 싼 가격의 아라비아풍 전통 의상을 사 입으면 이국적인 분위기를 연출할 수 있으니 많이 가져오지 않아도 된다. 한 달 정도 체류할 경우에는 고춧가루, 된장, 고추장이 아주 유용하다. 쌀, 배추, 무, 오이, 양배추, 당근, 고추, 파 등은 현지에서 구입 가능하다. 단기 체류자는 라면, 통조림, 기호품 등을 준비하면 된다. 간단한 비상약도 필요하다.

구글 지도나 맵스미(MAPS.ME) 지도를 다운로드해서 가자. 맵스미는 인터넷이 안 돼도 사용할 수 있어 아주 편리하다. 택시를 이용하려면 우버앱이 필수다. 카이로에서는 디디(Didi)앱이 유용하다. 아고다나 부킹닷컴 같은 숙소 예약 앱도 필요하다. 신용카드는 만일을 위해 2개 가져가자. 하나 비바카드를 많이들 가지고 온다. 환전은 달러화로 가져가면 된다.

★ 아스완 호텔에서 바라본 나일강과 시원스레 펼쳐진 하늘. 나일강에는 배들이 많이 다닌다.

이집트 주요 여행지

- 카이로 : 스핑크스와 피라미드
- 룩소르, 아스완 : 아부심벨의 고대 유적지(기차나 크루즈를 많이 이용한다.)
- 알렉산드리아 : 안토니우스와 클레오파트라의 러브 스토리가 있는 도시
- 시와 : 사막에 있는 오아시스 마을 체험
- 후르가다 : 올인크루시브 리조트에서 휴양
- 다합 : 다이빙 명소

케냐가
나를 부르는구나

예방접종 증명서 한 장이면 오케이?!

이제 카이로로 가야 한다. 케냐를 같이 가기로 한 겨레와 연주를 비행기 출발 하루 전날에 카이로에서 만나기로 했기 때문이다. 알렉스에서 카이로로 가는 편은 기차를 선택했다. 기차역에 갈 때 택시를 탔는데, 기사가 눈치를 보더니 알아서 먼저 20이집트파운드(1,300원)

★ 알렉스 기차역 거리. 일등석 내부

를 부른다. 오매 착한 것! 택시 기사들은 갓 도착한 처음 온 여행자인지 떠나가는 좀 묵은 여행자인지 금세 눈치채는 것 같다.

카이로까지 일등석 요금은 4,000원 정도다. 4시간 동안 차창 밖 풍경을 감상하는 비용이 너무 저렴하다. 역시 버스보다는 기차가 넉넉하고 편하고 운치가 있다. 카이로 가는 중에 푸른 녹지와 밭과 나무들을 보니 사막 풍경에 익숙해진 내 눈이 시원하다.

묻지도 따지지도 않고 다음 행선지를 케냐로 선택한 건 마사이마라 사파리에 끌려서가 아니었다. 지금 생각하면 어처구니없지만 사실은 한국에서 발급받은 영문 코로나 예방접종 증명서 한 장과 황열병 예방접종 증명서만 있으면 된다고 해서였다. 튀르키예, 조지아, 이집트에 입국할 때도 달랑 예방접종 증명서 한 장이면 됐다. '오호, 케냐도 같은가 보다. 베리 굿!'을 외쳤다.

이미 루비콘강은 저 멀리에

바람 따라 다니는 유랑이다. PCR이나 헬스 코드 등록, 코로나 보험 가입, QR 발급, 격리 같은 요구들은 번거롭기만 하다. 그래서 팬데믹 기간에는 무조건 입국이 간단한 나라를 골라서 다녔다. 마침 가고 싶은 나라 중 하나였던 케냐가 불쑥 등장해서 나를 오라고 불렀다. 오호라, 운명의 바람이 나를 제대로 된 아프리카로 오라고 이끄는구나. 케냐가 나를 애타게 오라고 손짓하는구나 싶었다. 다합을 떠나기 전에 이미 이집트 카이로에서 케냐의 나이로비로 가는 비행기 표를 예약해두었다.

그런데 막상 출발하기 전에 최종적으로 확인하는 과정에서 알아보니 출력해서 가져가야 하는 서류가 다섯 가지나 되었다. 거기다 한국에서 준비해온 황열병 예방접종 증명서까지 포함하면 여섯 가지다. 그러나 어쩌겠는가? 이미 루비콘강을 건너고 말았는데….

다행히 똑똑한 청년 겨레가 곁에 있었다. 밥 사줘 가며 아주~ 매우~ 몹시~ 공손한 자세로 배우고 익혀서 어려운 숙제를 풀고 출력까지 마쳤다.

아프리카에는 55개의 나라가 있다. 이번에 다 가볼 수는 없겠지만 적어도 이집트에서 시작해 케냐를 거쳐 남아프리카까지는 종단해볼 생각이다. 아날로그 여행자라서 가는 길이 고달프겠지만 내일 일을 걱정하거나 겁내지는 않는다. 아직 두 다리는 쓸 만하다.

여행복을 믿는다. 운명에 따른다.

I'm a slow walker but I never go back!

2

동아프리카

케냐, 에티오피아,
탄자니아, 우간다, 르완다

**나이로비 → 나이바샤 → 몸바사 →
아디스아바바 → 잔지바르섬 → 킬리만자로
→ 캄팔라 → 카발레 → 키갈리**

동아프리카는 리얼 아프리카 그 자체였다. 동물의 왕국 마사이마
라 사파리, 나쿠루 호수 국립공원에서 온갖 동물을 원 없이 보았
다. 에티오피아에서는 커피 여행을 했다. 비오는 킬리만자로 산
자락을 걷고 부뇨니 호수에서 원시 그대로의 생활을 체험했다.

맘보 잠보 케냐,
리얼 아프리카 여행의 시작

한국을 떠난 지 5개월 만에 드디어 리얼 아프리카 땅을 밟았다. 이 집트는 아프리카 북부에 있지만 거의 중동이라고 봐야 한다. 종교, 인종, 외모, 문화 등이 다른 아프리카 국가들과는 확연히 다르고 중 동이랑 비슷하기 때문이다.

케냐는 내 위시리스트 중 빨간색 펜으로 밑줄 쫘~악 그어두었던 바로 그 땅이다. 환상적인 아프리카 자연 풍경을 담은 서정적인 영상 으로 사랑받은 영화 〈아웃 오브 아프리카〉의 실제 무대다. 나이 먹어 서도 영화나 소설의 감성에 꽂혀 사는 나는 영화 스토리의 현장이 궁 금하다.

새벽 4시, 케냐의 수도 나이로비에 도착했다. 전날 카이로에서 겨 레와 연주를 만났다. 겨레와 나는 같은 비행기를 탔다. 연주는 예약 이 좀 늦어서 다음 비행기를 타야 했기에 도착 시간이 달랐다.

★ 나이로비 공항. 화려한 핑크색이 돋보이는 나이로비 시내버스

공항을 나서니 비가 내린다. 케냐는 지금 우기다. 계속 오는 비가 아니라 간헐적으로 내린다. 환영을 꽃이 아니라 시원한 빗줄기가 대신해준다. 케냐 땅에 발을 딛자마자 나의 여행 촉이 행복하다고 귓속말로 속삭인다.

'아산티(고마워) 케냐!'

감상에 빠진 것도 잠시, 공항 이미그레이션에서 어이없는 상황에 맞닥뜨렸다. 한 달 비자피로 20달러를 내란다. 이미 비자피 51달러에 수수료 3달러 해서 54달러를 내고 인터넷으로 E비자를 받았다. 뜬금없이 뭔 소리냐고 작은 눈을 똥그랗게 뜨고 쳐다보니 계속 작은 목소리로 20달러~ 20달러~ 한다. 한참 같은 소리를 되풀이했지만 못 알아듣는 척했더니 포기하고 스탬프를 찍어주었다. 멍청이처럼 멀뚱멀뚱 쳐다보고만 있었더니 20달러가 굳었다!

공항 ATM에서 일단 1만 실링(약 11만 원)을 뽑은 다음 택시를 타러 갔다. 인출 최고 한도는 800달러(수수료 4달러)다. 현지 돈으로 뽑을 경우에는 한 번에 40,000실링까지(수수료 30실링) 인출할 수 있다. 다른 나라보다 수수료가 저렴한 편이다. 공항이나 시내나 환율과 출금 수수료는 동일하다.

택시 호객꾼들이 있긴 하지만 이집트처럼 극성스럽지는 않다. 특이하게 여자 호객꾼도 있다. 택시 기사가 다운타운의 호텔까지 2,000실링(약 22,000원)을 불렀다. 거례와 나는 인터넷을 검색해보고 바가지 요금이라는 걸 눈치챘다. 우버 요금은 절반 정도밖에 안 되었다. 잠깐 기다려서 우버를 불러서 타고 호텔 정문 앞에 내리며 1,000실링(팁 포함)을 주었다.

가성비 짱 호텔

새벽 5시에 호텔에 도착했다. 도어맨이 가방을 차에서 내려 옮겨주었다. 참 오랜만에 받아보는 서비스다. 24시간 리셉션이 열려 있어 바로 체크인하고 방에다 짐을 푼 다음, 6시부터 오픈하는 호텔 식당에서 간단한 조식을 먹었다.

12달러짜리 방인데 무료 조식 포함이라니 말이나 되는 거임? 무엇보다 와이파이가 잘 터지니 막혔던 귀가 뚫린 듯 시원했다. 호텔 직원들은 모두 영어를 잘하고 친절하다. 과거 영국 지배를 받은 역사가 있어 지금도 영어가 스와힐리어와 함께 공식어로 사용된다. 한 가지 흠을 잡자면 호텔 1층 로비의 화장실 잠금장치가 고장이 나 있어 볼일을 보는 동안 문고리를 손으로 꽉 붙잡고 있어야 하는 불편 정도였지만, 이쯤이야 아무것도 아니다.

경험상 일이 이렇게 잘 풀릴 때 방심하면 안 된다. 세상의 반은 착하지만 나머지 반은 사악하다. 지금까지는 착한 사람들을 만났다. 모퉁이를 돌면 바로 사악한 인간들과 마주칠 수 있다. 만사(萬事) 불여튼튼이다. 긴장의 끈을 살짝 조였다. 여행을 하면서 중간중간에 상황이 잘 풀리고 좋을 때일수록 조심하자고 스스로에게 다짐하는 버릇이 생겼다.

함께할 일행과 만나다

한숨 자고 일어나서 보니 연주가 도착했을 시간이다. 호텔 로비로 내려가니 연주가 이미 와 있었다. 앞으로의 여행 일정을 확인했다. 첫날과 둘째 날은 각자 알아서 보내고 셋째 날부터 사파리 투어를 함께하기로 했다.

첫 미팅에서 중요한 결정을 하나 했다. 연주가 영어와 검색 실력과 가격 협상력이 가장 뛰어났기에 대장으로 모시기로 했다. 거레와 나는 극구 사양하는 연주에게 착한 팔로워가 되어 충성을 다하겠노라고 다짐하여 겨우 승낙을 받아냈다.

청춘남 거레는 여행뽕을 맞은 듯 엔돌핀이 잔뜩 솟아올라 있었다. 미팅을 마치자마자 바로 코끼리랑 기린을 보러 나갔다. 사파리하러 가면 실컷 볼 거라고 했지만 막무가내로 동물 공원으로 떠났다. 나중에 도착해서 졸지에 팀 리더로 추대된 여행공주 연주는 현지 유심 구입과 사파리 투어를 예약하러 나갔다.

나는 기절해서 늘어지게 자다가 한낮이 되어서야 깨어났다. 여행을 시작한 이후로 가장 꿀잠을 잤다. 느지막이 나가서 시장 구경을

★ 길바닥에 물건을 늘어놓고 파는 나이로비 시장. 로컬 식당에서 맛있게 먹은 생선찜

하다가 로컬 식당에서 생선찜을 맛나게 먹었다. 늦은 시간에 호텔 식당에서 다시 만나 저녁을 먹으며 각자의 하루를 리뷰하고 다음 일정을 상의했다.

───── 나이로비 빈민촌 키베라의 눈물

둘째 날에는 연주랑 둘이서 30만 명의 가난한 사람들이 모여 사는 빈민촌 키베라에 갔다. 외국인끼리만 가면 위험하다고 해서 키베라 빈민촌 출신 가이드를 섭외해서 함께 갔다. 자세한 설명을 들으며 키베라의 구석구석을 돌아보았다.

방 한 칸에 네 식구가 사는 월셋집을 구경하고 그들이 살아가는 이야기를 듣다가 중간에 나와 버렸다. 월세 3만 원을 내지 못해 쫓겨나는 사람들 이야기를 가슴이 먹먹해서 더 이상 듣고 있을 수가 없었다. 끝까지 있다가 나온 연주의 얼굴 표정이 금세 눈물을 쏟아낼 것 같았다.

필리핀의 마닐라에서 봤던 톤도 빈민촌과 어쩜 이리 똑같을까? 브라질의 리우에서 봤던 파벨라의 슬픔과 어쩜 이리 판박이일까? 세계 3대 빈민촌인 파벨라와 톤도, 그리고 키베라의 모습은 세월이 지나도 바뀌지 않는다. 규모가 줄어드는 게 아니라 오히려 늘어나기만 한다. 다음 날 아침 일찍 출발하는 3일간의 사파리 투어를 위해 알람을 6시로 맞춰 두었는데 쉽게 잠을 이룰 수가 없었다. 이 아이들 세대에는 지금보다 나아지길 간절히 기도했다.

★ 키베라 빈민촌의 열악한 환경 속에서도 해맑게 미소 짓는 아이들

머나먼 아프리카 땅 케냐에서 영화나 소설 속에서나 나올 법한 뜻밖의 만남이 이루어졌다. 키베라 빈민촌을 다녀와서 우울해 있었는데 존경하던 선배님을 만나 그 반가움과 기쁨은 이루 말로 다 표현할 수가 없었다. 우울감이 행복감으로 바뀌었다.

아프리카의 진주라 불리는 케냐에서 14년이란 긴 세월을 세종학당장으로 봉사하며 살고 계신 김웅수 선배님은 옛날 모습 그대로였다. 다음 날 마사이마라 사파리 투어를 떠났다가 바로 몸바사로 가야 하기 때문에 전화로 인사만 드리려 했는데, 무슨 소리냐며 지금 당장 오겠다며 20km가 넘는 거리를 한걸음에 달려오셨다.

케냐는 커피가 유명하니 만나면 커피나 한잔 마시며 회포를 나눌 생각이었다. 그런데 김 선배님은 꼭 '쏘주' 한잔 마시며 저녁을 사먹여 보내시겠단다. 한국인이 하는 일식집으로 자리를 옮겨 늦게까지 이야기꽃을 피웠다.

김 선배님은 내가 아는 분 중에 은퇴하고 가장 멋지고 보람 있게 사시는 분이다. 이역만리에서 우연히 만나서 기뻤다. 더 기쁜 건 여전히 봉사하며 현역으로 사시는 정말 존경할 만한 롤모델 선배를 만나는 행운을 누린 것이다.

마사이마라에서 원 없이 본
동물의 왕국

마사이마라 국립공원 사파리

연주가 나이로비에 있는 여행사를 몇 군데 뒤져서 가성비가 가장 좋은 마사이마라 2박 3일 사파리 투어를 예약했다. 우리 일행이 3명이라는 걸 무기 삼아 딜을 잘해서 1인당 300달러로 깎았으니 땡잡은 거다. 겨레와 나는 연주 덕에 합리적인 비용으로 쉽고 편한 사파리 투어를 하게 되었다. 사파리 후에 다시 나이로비로 돌아와 몸바사로 갈 예정이라 무거운 캐리어와 배낭은 여행사에 맡기고 가벼운 차림으로 투어 차량에 올랐다. 대만인 2명과 미국인 1명, 우리 일행 3명에다 가이드 겸 운전기사까지 모두 7명이었다.

마사이마라에 도착하자마자 숙소에 짐을 풀고 바로 국립공원으로 향했다. 숙소는 대형 텐트 형태인데 싱글 침대가 2개 있고 샤워장과 화장실도 함께 있다. 나와 겨레는 기쁨의 환성을 질렀다. 전기는 발전기를 사용하기에 저녁과 새벽에 2시간씩만 들어왔다. 식당은 공연장으로도 쓰이는데 원주민들이 간단한 춤 공연을 했다. 오지 중에 오지인 걸 감안하면 대단히 만족스러웠다.

국립공원 입구에서 입장 수속을 하느라 한참을 기다려야 했다. 원주민들이 토산품을 들고 차 안으로 들이밀면서 사달라고 한다. 한두 명이 아니라 셀 수 없이 많은 원주민이 차를 완전히 뼁 둘러싼다. 차를 포위한 원주민들은 주로 아주머니나 어린아이들인데 환하게 웃으며 사달라고 조르니 구매 의사가 전혀 없는 나는 눈을 마주치기조차 민망했다. 마침 대만 여성이 팔찌 두 개를 사준 덕분에 겨우 미안함을 덜 수 있었다.

반나절 만에 빅 4를 보는 행운을 누리다

우리 사파리 차량의 운전기사는 노련했다. 다른 운전기사들과 계속 무전을 하며 동물들이 어디에 있는지를 알아보고, 사파리를 마치고 돌아오는 차량을 만나면 어느 곳에서 어떤 동물들을 봤는지 물어보았다. 동물 보호구역 순찰대 차량을 만나면 더 꼬치꼬치 캐물었다. 운전기사가 요령 있게 잘한 덕분에 반나절 만에 빅 5 중에 코뿔소만 못 보고 빅 4를 보는 행운을 누렸다.

빅 5는 가장 위험하지만 인기 있는 동물로 사자, 표범, 코끼리, 버팔로, 코뿔소를 말하는데, 아프리카 사파리의 하이라이트로 꼽힌다. 케냐의 대표적 사파리 국립공원인 마사이마라에서 다 볼 수 있지만, 행운이 따라 주어야만 가능하다. 이곳 동물들은 차량이나 사람들을 무서워하거나 경계하지 않는다. 비포장도로를 떼 지어 유유히 건너

★ 아프리카 사파리 빅5 : 사자, 코끼리, 버팔로, 표범, 코뿔소

며 힐끗힐끗 사람 구경을 한다. 자기들을 해치지 않는다는 걸 이미 알고 있는 듯하다.

표범은 야행성이라 사파리에서 좀처럼 만나기 어렵다. 무리를 만들지 않고 단독으로 행동하며 주로 나무 밑에 숨어서 지내는데 표범 무늬 반점은 나무랑 비슷한 보호색이어서 발견하기 어렵다. 사냥한 먹이를 나무 위에 올려서 숨기는 습성이 있는데, 우리가 갔을 때는 먹이를 나무 그늘에 놓고 지키고 있었다. 하이에나 한 마리가 주위를 맴돌며 훔칠 기회를 노리고, 하늘에선 까마귀들이 맴돌며 한 입 낚아챌 기회를 엿보고 있었다. 보기 드문 진기한 풍경을 보면서 여기가 바로 진짜 동물의 왕국이라는 것을 실감했다.

사자는 대여섯 마리가 무리 지어 낮잠을 즐기거나 풀멍을 때리고 있었다. 사파리 차량이 5미터 정도 가까이 접근해도 처다보지도 않고 꿀 휴식을 즐긴다. 사자는 주로 새벽에 사냥을 해서 포식을 하고 낮에는 배를 드러내고 늘어져 지낸다. 동물원 우리 너머로 보던 사자보다 초원의 사자가 만 배는 행복해 보였다.

아프리카 코끼리는 아시아 코끼리에 비해 덩치가 훨씬 컸다. 생존하는 육상 동물 중에 가장 무거워서 체중이 5~7톤 정도나 된다. 생긴 것과는 달리 영리한 동물이란다. 무리 지어 행동하며, 자기 새끼가 아니라도 아기 코끼리를 잘 돌본다. 물가에서 코로 물을 퍼서 뿌리며 더위를 식히는 모습이 재미나다. 나중에 보츠와나에서 코끼리를 엄청 많이 보았다.

보호 동물이라 잡을 수 없게 되면서 최상위 포식자인 코끼리 숫자가 크게 늘자 문제가 생겼다. 코끼리 떼가 지나가면 풀이고 나무고 완전히 사라진다. 농민들의 불만이 높아지고, 도로에 코끼리가 출몰하여 주로 야간에 교통사고가 자주 발생한다. 최근에 코끼리 수백 마리가 떼죽음을 당하는 일이 벌어지고 있다. 정부에서는 부정하고 있지만 예산도 관리 방안도 없어서 코끼리 학살을 눈감아주고 있는 게 아닌가 하는 의혹을 불러일으켰다. 확실한 증거는 없지만 상아라면 환장하는 중국인들의 밀매가 떼죽음의 원인 중에 하나라는 설도 있다.

마사이마라에서 버팔로는 매우 흔했다. 숲과 초원에서 무리를 지어 서식하는데 몸의 길이는 2~3미터 정도이고 체중은 400~500킬로그램 정도 된다. 초식동물이지만 기분이 나쁘면 사파리 차량을 향해 돌진하는 경우가 있어 드라이버들이 가장 조심하고 경계한다. 기사는 버팔로가 보이면 우리에게 자극하는 몸짓을 하거나 소리를 내지 말라고 당부하곤 했다.

빅 5 외에도 초식동물로는 얼룩말, 기린, 뿔 달린 말처럼 생긴 누, 흑멧돼지, 임팔라, 톰슨가젤, 영양류의 일종으로 큰 몸집이지만 겁이 많은 워터백, 그리고 같은 영양류지만 크기와 모양새가 다른 엘란드, 하테비스트, 디쿠디쿠 등 다양한 동물들이 자연 속에서 살고 있는 모습을 가까이서 봤다. 육식동물로는 하이에나, 자칼, 치타, 악어 같은 평소 보기 힘든 동물들을 쉽게 만날 수 있었다.

그 밖에도 늘 잠자는 것처럼 보이는 하마 그리고 잡식성으로 롯지의 음식 도둑으로 불리우는 비비를 비롯해 너구리, 타조, 플라밍고, 왜가리, 대머리 황새, 홍부리 황새, 찌르레기, 아프리카 꿩, 아프리카 독수리 등등 내 평생에 가장 많은 동물을 아프리카의 초원에서 두루 보는 행운을 누렸다.

★ 마사이족과 함께 춤을 추다.

마사이족 마을 방문

셋째 날에는 숙소에서 걸어서 5분 거리에 약 200여 명 정도의 마사이족이 모여 사는 마을을 방문했다. 입장료가 10달러다. 마을에 들어가면 관광객을 상대로 민속춤 공연을 보여준다. 기성(奇聲)을 지르며 빙빙 돌다 한 명씩 나와서 점프를 하는 아프리카 전통춤이다. 춤을 추다 구경하는 관광객을 불러내 빨간 체크 무늬의 긴 망토를 걸쳐준다. 같은 복장을 하고 함께 춤추고 점프를 하며 분위기가 순식간에 뜨겁게 달아오른다. 맛뵈기식 춤이지만 아프리카 분위기를 물씬 느낄 수 있어 기념사진 촬영용으로 인기가 아주 높다.

그다음은 나무를 손으로 비벼 불씨를 만들어 불을 피우는 시범을 보여준다. 박수와 함성과 웃음소리가 터져나오며 분위기가 한껏 고조된다. 그런 다음 관광객들을 한 사람씩 집으로 데려가 구경을 시켜

★ 마사이마라 사파리팀 기념 사진. 미국인, 대만인, 한국인이 모였다. 초등학교에서 아이들과 함께.

준다. 나는 4명의 가족이 사는 집을 방문했는데, 집 가운데 있는 화덕에 장작불을 피워 밥을 해먹는다고 설명해주었다. 환기가 안 돼 연기에 질식사할 것 같았다.

내 담당 원주민이 나를 집 뒤로 불러 상아로 만든 목걸이와 사자털로 만든 모자 등 자기들이 만든 수비니어(수공예 제품)를 사라고 부추겼다. 판매 대금은 마을의 발전과 학교를 지원하는 데 사용된다며 장황하게 설명을 늘어놓는데, 솔직히 믿음이 가지 않았다. 패키지 관광의 바가지 쇼핑이나 다를 게 없었다. 수비니어는 내 취향도 아니고 가격도 터무니없이 비쌌다. 가장 싼 게 4만 원 정도였다.

그게 끝이 아니었다. 원주민 여자들이 우리를 기념품 장터로 데려갔다. 색상이 화려하고 예쁘긴 하지만, 도시에서 사다 파는 거라 특색이 전혀 없다. 그나마 가격이 5,000원 정도로 저렴한 편이었다.

그렇게 끝이 난 줄 알았는데 아니었다. 이번에는 초등학교를 방문했다. 학교 직원이 나와 교실, 운동장, 급식소 등으로 안내하며 친절하게 설명을 해준다. 그러고 나서 사무실로 데리고 가서 방명록에 서명을 하라고 하더니 급식에 보탬이 되게 기부를 하라고 한다. 필요도 없는 수비니어를 사는 것보다는 기부가 낫겠다 싶었다. 쌈짓돈을 꺼내서 꽤 많은 금액을 기부하고 나왔다.

인터넷에 마사이족 마을에 대한 비판의 글이 많이 올라와 있다. 아프리카에서 가장 용감한 전사의 후예들이 상업적으로 변질된 게 안타까웠지만 긍정적으로 생각하기로 했다. 그래도 이곳에서 아프리카 분위기가 물씬물씬 풍기는 사진도 많이 찍고, 신나게 웃고 즐기며 재미나게 놀았다. 그리고 영혼이 해맑은 아이들과 보낸 시간이 행복했다.

여유와 평화가 느껴지는 나쿠루 호수

가이드가 나이바샤에 있는 나쿠루 호수 국립공원에 가면 코뿔소를 볼 수 있다고 하기에 빅 5의 마지막 퍼즐을 맞추고 싶어 하루를 더 연장해서 가보기로 했다. 결과적으로 잘한 선택이었다. 코뿔소를 가까이서 실컷 보았다. 퍼펙트하게 사파리 투어를 마무리했다.

대형 흰색 코뿔소는 주로 풀을 먹지만 검은색 코뿔소는 작은 나무의 잎을 먹고 산다. 코뿔소의 뿔은 고가로 밀매되기 때문에 사냥의 표적이 되어 개체 수가 많이 줄어들었다고 한다. 워낙 험악하게 생겨 위협적인 모습이라 가까이 가기가 꺼려져서 우리도 멀리서 구경하

★ 나쿠루 호숫가의 홍학 무리

고 사진을 찍었다.

마사이마라에는 육식동물과 초식동물이 함께 산다. 약육강식의 원리가 지배하는 동물의 왕국이라 보이지 않는 긴장감이 느껴진다. 초식동물들은 늘 경계심을 갖고 주변을 철저히 살핀다. 하지만 나쿠루 호수 국립공원에는 초식동물들만 살기 때문에 여유와 평화가 느껴진다. 여러 초식동물이 섞여서 한가로이 풀을 뜯고 있는 모습을 곳곳에서 볼 수 있었다. 공존의 세상이 보기 좋았다. 특히 이곳은 영화 〈아웃 오브 아프리카〉의 촬영지로도 유명하다. 로버트 레드포드가 경비행기를 타고 하늘에서 내려다보던 나쿠루 호숫가의 홍학 무리가 장관이었다.

〈라이온 킹〉과
〈아웃 오브 아프리카〉의 무대를 밟다

나이바샤에서 생생 아프리카 체험

마사이마라와 나쿠루 호수 국립공원 사파리를 마치고 나이로비로 바로 돌아가지 않고 나이바샤에서 2박 3일을 더 묵었다. 나이바샤는 동물의 왕국인 마사이마라, 초식동물의 천국인 나쿠루 호수 국립공원, 영화 〈라이언 킹〉의 첫 장면에 나오는 헬스 게이트, 〈아웃 오브 아프리카〉의 무대인 크레센트섬과 가까운 도시다. 그리고 이웃 국가인 우간다를 육로로 가는 고속도로가 통과하는 허브 도시다. 2박 3일의 사파리가 연장되어 투어 비용이 추가되었지만 충분한 가치가 있었다.

사파리 투어를 하면서 또 다른 큰 소득도 있었다. 여행을 시작한 지 5개월이 돼 가면서 감흥이나 감동이 많이 사그라들었다. 그런데 동물들과의 교감이 나를 변화시켰다. 호기심, 설렘이 되살아났다. 엔돌핀이 솟고 맥박이 힘차게 뛰기 시작했다. 여행이 재미있어졌다. 마

★ 호기심이 많아(?) 목을 길게 빼고 초원을 살피는 기린떼

사이마라와 나쿠루에서 만난 맹수들과 초식이들에게 감사한다. 에너지가 충전되는 아프리카다.

그동안은 가이드와 차량과 숙소가 제공되는 좀 럭셔리한 여행을 했다. 나이바샤에서는 로컬 체험을 하며 리얼 아프리카를 보기로 했다. 저렴한 게스트하우스에서 자고 로컬 식당에서 밥을 먹었다. 민물고기인 틸라피아 튀김, 퍽퍽한 순대 같은 무투라를 맛나게 먹었다. 재래시장에서 과일과 300원짜리 소시지 간식도 사먹었다. 그리고 길거리에서 민물고기를 파는 청년과 사진도 찍고 친구 맺고 인스타그램도 교환했다. 300원을 내고 낡은 마을 버스인 마타투를 타면서 낮은 천정에 머리를 두 번씩이나 부딪쳤다.

아프리카 케냐의 색깔은 작열하는 태양처럼 강렬하다. 건물과 옷

★ 틸라피아 튀김 요리와 순대처럼 생긴 무투라
★ 아프리카 특유의 화려한 색상이 돋보이는 가게들
★ 길거리에서 민물고기를 파는 청년과 재래시장

과 간판 등 모든 게 화려하다. 우버가 잘되어 있어서 이동하기도 편하다. 마지막 코스로, 나이바샤에서 가장 현대식이고 규모가 큰 버팔로 쇼핑몰에 갔다. 완전 딴 세상에 온 것 같았다. 자바 커피 하우스에서 오리지널 케냐 커피를 마셨다. 볼레볼레(천천히) 생생 아프리카를 즐겼다.

라이온 킹을 찾아가다

나이바샤에 머무는 동안 하루를 할애해서 인기 애니메이션 영화 〈라이온 킹〉의 무대인 헬스 게이트(Hell's Gate)를 찾아가 보았다. 시내에서 우버 택시를 불러 가이드 안내소까지 갔다. 안내소부터는 차량 통행 금지다. 매표소 입구까지는 2km 거리인데 걸어서 가거나 자전거를 타고 가야 한다.

자전거를 빌렸는데 오르막에다 자잘한 자갈이 깔린 모래흙 길이다. 내려올 때는 자전거 페달을 밟지 않아도 되지만 올라갈 때는 진짜 지옥길 같았다. 그래서 Hell's Gate인가? 자전거를 타고 오르막길을 힘들게 올라가서 매표소에 도착하니 다리가 후덜덜했다. 매표소에서 라이온 절벽까지는 다시 2km를 더 가야 한다. 거기서 라이온 정글까지는 또 10km 거리다. 포기하고 싶었다. 하지만 여기까지 와서 되돌아갈 수도 없는 일이다. 진퇴양난이었다.

매표소 직원에게 "나는 시니어 시티즌이다. 길이 험해서 자전거로는 도저히 못 가겠다. 투어 차량은 없나?"라고 물었다. "Why not? 차를 불러주겠다"고 한다. 그런데 입장료가 26달러인데 사파

★ 헬스 게이트 입구에 있는 안내소. 매표소 입구까지 2km 흙길을 자전거로 달렸다.

★ 자전거 타고 가다 만난 아이들. 매표소 입구

★ 45미터 높이의 라이온 킹 절벽. 〈라이온 킹〉에 나오는 정글은 10km를 더 가야 있다. 입구 전망대에서 우뚝 솟은 절벽까지는 왕복 4시간 거리다. 우기에는 들어갈 수 없어서 멀리서 봐야 한다.

리 택시 이용료가 30달러란다. 잠시 망설이다 내 여행 좌우명이 떠올랐다.

"I'm a slow walker, but I never go back."

그래 왔으니 가보자!

남들은 자전거를 타고 땀 흘리며 가는데 편하게 차를 타고 가니 왠지 반칙하는 거 같아 찜찜하고 미안했다. 한편으로는 나이 먹어서 이렇게라도 다닐 수 있으니 감사하다는 생각이 교차했다. 이젠 내 몸과 마음이 하고 싶은 대로 따라가더라도 부끄럽거나 거리낄 게 없는 나이다. 젊은 시절 열심히 살았으니 늙어서는 편하게 여행하는 게 맞는 거야라고 나를 위로하고 합리화했지만, 아쉽고 뭔가 거시기한 느낌은 사라지지 않았다.

청춘 시절 난 영화 광팬이었다. 〈닥터 지바고〉 땜에 시베리아를 횡단했고, 〈카사블랑카〉에 꽂혀 모로코에 갔었다. 〈부에나 비스타 소셜 클럽〉은 나를 쿠바로 가게 했다. 그리고 한땐 문학도였다. 교과서나 참고서 대신 세계 문학 전집을 읽으며 날밤을 새우기도 했다. 나를 감동 먹게 한 《희랍인 조르바》, 《노트르담의 곱추》, 《누구를 위하여 종은 울리나》, 《개선문》, 《체 게바라》, 《파타고니아 특급열차》 등등이 순진한 나를 유혹에 빠뜨려 방랑의 이유가 되었다.

이젠 하다하다 딸들과 함께 보았던 〈라이온 킹〉의 무대까지 찾아나선 것이다. 사실 〈라이온 킹〉은 애니메이션에 대한 나의 선입견과 편견을 한 방에 깨부수게 한 대단한 걸작이었다. 자기 합리화를 마치고 나니 맘 편하게 라이언 킹의 주인공인 심바, 스카, 무파사를 만날 수 있었다.

택시를 타고 라이온 절벽으로 가니 겨레와 연주가 사진을 찍으며 쉬고 있었다. 라이온 정글까지는 비포장길로 10km를 더 가야 하니 왕복 20km를 자전거로 다녀오는 건 무리라는 설명에, 둘은 바로 동의하고 함께 택시에 타고 신나신나 하면서 갔다. 겨레와 연주가 이번엔 내 덕에 헬스 게이트 투어를 제대로 했다며 좋아하는 바람에 나도 어린애처럼 기분이 좋아졌다.

〈아웃 오브 아프리카〉의 현장을 찾아가다

나이바샤 호수 가운데 떠 있는 크레센트섬은 초승달(Crescent) 모양으로 생겨 이런 이름이 붙었다. 〈아웃 오브 아프리카〉의 촬영지로 유명하다. 이곳은 초식동물의 천국이다. 천적인 육식동물이 없으니 긴장감이나 경계심도 없다. 관광객들이 동물들 뛰노는 모습을 가까이 다가가서 보고 함께 사진을 찍을 수 있다.

이곳이 초식동물들의 낙원이 된 재미있는 비하인드 스토리가 있다. 원래 크레센트섬에는 동물들이 살지 않았다. 〈아웃 오브 아프리카〉를 촬영할 때 아프리카 분위기를 살리기 위해 육지에서 초식동물들을 실어와 풀어놓았는데, 촬영이 끝나고 철수할 때 그대로 놔두고 갔단다. 그 초식동물들이 번식해서 오늘날 인기 높은 도보 사파리의 명소가 되었다.

현재 이 섬은 영국인이 소유한 사유지다. 33,000원 정도의 입장료를 받는다. 그런데도 묘목 한 그루에 6,000원이라며 기부금을 내라고 한다. 당근 안 냈다. 너님이 돈 내서 심으세요~

★ 원숭이, 임팔라, 코뿔소, 얼룩말, 하마. 사파리를 즐기는 서양인 가족

섬을 한 바퀴 돌고 오니 만 보 정도 걸었다. 왕복 약 7km 정도 거리다. 산책도 하고 기린, 얼룩말, 임팔라, 버팔로 등과 가까이서 사진도 찍고 준비해간 샌드위치로 간식을 먹으며 쉬다 보니 시간이 휘리릭 지나갔다. 서양인 가족이 이곳에서 제대로 즐기는 모습을 보니 나도 손자들을 데리고 와서 초원에서 자유롭게 뛰노는 동물들을 보여주고 싶다는 생각이 들었다.

5박 6일간의 사파리를 마치고 나이로비로 돌아간다. 새벽부터 시작하는 빡센 일정의 연속이었지만 무사히 잘 마쳤다. 마사이마라 사파리, 마사이족 빌리지, 나쿠루 호수 국립공원 사파리, 헬스 게이트, 크레센트섬 사파리, 나이바샤에서의 생생한 삶의 현장 체험은 평생 잊지 못할 추억이 될 것이다.

헬스 게이트 비용

- 우버 왕복 택시비 : 7,500원
- 자전거 대여비 : 13,000원
- 입장료 : 34,000원
- 사파리 택시비 : 38,000원
- 식대(음료 포함) : 10,500원
- **총액 : 103,000원(1인 기준)**

크레센트섬 비용

- 크레센트섬 입장료 : 33,000원
- 나이바샤 호수 보트 : 9,400원
- 팁 : 1,100원
- 식대(음료 포함) : 10,000원
- 택시비 : 16,500원
- **총액 : 70,000원(1인 기준)**

프로펠러 비행기 타고
제대로 아프리카 감성에 빠지다

_____ **졸다가 흘끗 지나쳐 본 킬로만자로 만년설**

케냐의 수도 나이로비를 떠나 인도양에 있는 케냐 제2의 도시 몸바사로 떠나는 날이다. 처음에는 기차를 타려고 했다. 최근에 중국이 건설한 신형 철도다. 요금은 1등석 33,000원, 일반석 11,000원 정도다. 441km를 가는 데 5시간 걸린다. 다 괜찮은데 문제는 도착 시간이다. 하루에 딱 두 편 있는데 한밤중이나 꼭두새벽에 도착한다. 경험상 피하고 싶은 시간대다.

검색해보니 소형 여객기가 운행하는데 1시간 비행이다. 낮게 떠서 나는 프로펠러 비행기를 타고 아프리카의 명산을 하늘에서 감상할 수 있다니 완전 감성 자극이다. 더구나 몸바사에 갈 때 오른쪽 창가 좌석에 앉으면 킬리만자로를 볼 수 있다고 하니 뿌리칠 수 없는 유혹이었다. 발권하려고 보니 승객요금은 6만 원이고 수화물 요금이 3만 원이다. 백 년 만에 타보는 프로펠라 비행기니 비싼 요금은 감수

★ 아프리카는 왠지 프로펠러 비행기가 잘 어울리는 듯

하기로 했다. 운 좋게도 오른쪽 창가 자리를 배정받았다. 속으로 야호를 외쳤다.

그런데~ 그런데~ 말이지, 우째 이런 일이~

어처구니없게도 깜빡 잠이 들었다가 소란스러움에 눈을 뜨니 킬리만자로 정상의 만년설이 언뜻 스쳐지나가는 게 보인다. 비싼 돈을 들였는데 제대로 감상도 하지 못하고 지나가는 끝자락의 한순간만을 살짝 본 거였다. 사진도 못 찍고 구경도 제대로 하지 못한 게 많이 아쉽고 억울하기까지 했다.

하지만 몸바사에 예약한 에어비앤비가 맘에 들어서 킬리만자로의 아쉬움은 잊어버렸다. 천장에 커다란 실링팬이 달려 있어 시원했다. 그리고 침대에 커다란 모기장이 쳐져 있는 게 제일 좋았다. 주방이랑 넷플릭스가 연결되는 벽걸이 TV가 있는 거실, 부엌, 발코니 등 모두 만족스럽다. 거기다 정원이 내려다보이는 베란다까지 있다. 딱 한 가지 아쉬운 건 세탁기가 없다는 거다. 숙소비는 셋이서 나눠 내니 1인당 하루에 12달러 정도라 횡재한 기분이었다.

까르푸 쇼핑몰과 해변 그리고 몸바사에서 가장 핫하다는 자바 하우스와 카페 쎄리도 5분 거리다. 몸바사에서 5박 6일을 여유롭게 쉬면서 각자 다음 여행 일정을 챙기며 보내기로 했다.

와시니 아일랜드

우리가 몸바사로 간 건 와시니 아일랜드(Wasini Island)에 가기 위해서다. 케냐 동부의 가장 남쪽에 있는 섬인데 탄자니아 국경이 바로 눈앞에 보인다.

와시니 아일랜드는 돌고래와 바오밥나무, 전통 방식의 고기잡이 등을 볼 수 있고, 스노클링을 즐길 수 있는 국립공원 지역이다. 가장 기대하고 갔던 돌고래가 5일째 나타나지 않고 있다고 해서 아쉬웠지만 청정한 자연을 만끽하며 스노클링으로 즐겁게 보내서 나름 좋았다. 그리고 섬 주변을 줄지어 늘어서 있는 바오밥나무를 실컷 볼 수 있어서 그나마 위안이 됐다.

와시니 아일랜드 비용

- 투어비 : 83,000원(왕복 차량, 배, 스노클링장비 대여, 점심 식사)
- 식대(음료 포함) : 15,200원
- **총액 : 98,200원**

★ 와시니 아일랜드 마을 풍경과 바다

이제야 아프리카 여행 세부 계획을 짜다

거레와 연주랑 함께한 케냐 여행의 마지막 투어가 끝이 났다. 몸바사에서 다시 나이로비로 가서 우리 셋은 헤어져 각자의 목적지로 떠난다. 연주는 유럽으로, 거레는 인도로 가고, 나는 아프리카 여행을 계속 이어갈 예정이다. 나의 아프리카 여행은 구체적인 계획이 없었다. 두 사람의 도움을 받아서 세부 계획을 짰다. 에티오피아로 다시 올라갔다가 북쪽에서부터 남쪽으로 내려오며 탄자니아, 잠비아, 짐바브웨를 거쳐 아프리카 대륙의 가장 남쪽인 남아공까지 가보기로 정했다.

그러나 지금 되돌아보니 케냐의 몸바사에서 육로를 통해 바로 탄자니아의 국경도시 탕가로 넘어갔으면 여행이 훨씬 쉽고 편해졌을 것 같다는 생각이 든다. 그래도 그때의 결정을 후회하지 않는다. 그때의 결정 덕분에 최고의 추억과 경험을 얻었다.

킬리만자로의 자락길을 걸었고, 자연 생태를 고스란히 유지하고 있는 우간다의 부뇨니 호수에서 원시의 생활을 체험했으며, 빅토리아 폭포 위를 헬기를 타고 날아보았다. 그리고 보츠와나의 쵸베에서 제대로 보존된 오카방고 델타 습지를 누볐으며, 가보로네에서 평생의 친구를 만났다. 나미비아의 나미브 사막에서 스카이다이빙과 온갖 액티비티를 해보면서 액티브 시니어로 거듭났고 붉은 사막도 만났다. 아프리카의 최남단인 희망봉도 가보았고 테이블 마운틴을 두 번이나 올라가보았다.

다시 만나자, 환상의 트레블 드림팀

15일간의 케냐 여행은 3명이 함께 여행해서 1/N, 소위 N빵으로 나눠 냈기에 비용이 많이 절약됐다. 에티오피아부터는 혼자 가기 때문에 남은 아프리카 여행은 경비 지출이 많아질 것 같다. 슬기로운 아프리카 여행을 위해 신경 좀 써야 할 것 같다.

거레와 연주를 다합에서 처음 만났다. 서로 여행 얘기를 하다가 케냐에 가보기로 의기투합하고, 그 자리에서 비행기표부터 발권했다. 그러고 나서 각자 여행하다가 출발 하루 전날 카이로에서 만나 함께 케냐의 나이로비로 왔다.

연주는 여행박사다. 내가 만난 가장 똑똑하고 멋진 청춘이다. 여행 디자인, 정보 검색, 예약, 지출 총괄 등을 혼자서 완벽하게 처리했다. 호주에서 7년간 공부하고 일했다는데 영어는 네이티브 수준이다. 거레는 여행 탱크다. 30kg이 넘는 짐을 앞뒤로 메고 걷는 모습이

★ 15일간 케냐 여행을 함께한 연주와 겨레

무쏘 같다. 세계일주 여행을 시작한 지 8개월째 된다는데, 낙천적이고 늘 호탕하게 웃는다. 자기 원칙에 충실한 부산 싸나이다.

환상의 트레블 드림팀이었다. 칠십 살의 아날로그 노마드와 서른한 살의 두 디지털 노마드가 만나 이렇게 호흡이 척척 맞는다는 게 마냥 신기하고 재미났다. 영화 〈버킷 리스트〉보다 더 신나게 즐겼다. 두 청춘을 만난 건 행운이다. 참 많은 걸 배웠다. 여행은 계급장 떼고 하는 것임을 새삼 깨달았다. 나이는 계급도 완장도 아니다. 그냥 굴레일 뿐이다.

겨레야, 연주야! 행복한 순간 같이해 주어 고맙다. 나머지 여행 잘하고 언젠가 길 위에서 다시 만나자! 말한 대로 이루어져 겨레는 서울에서, 연주는 대구에서 1년 후에 다시 만났다.

케냐 여행
요모조모

아프리카는 여행 난이도가 매우 높은 편이라고들 한다. 최신 여행 정보가 절대적으로 부족하기 때문이다. 특히 코로나로 인해 아프리카 여행자가 거의 없어 최신 정보가 전무할 정도였다. 정확한 정보를 알려면 해당 국가 대사관에 직접 확인하는 게 최선의 방법이다. 케냐에서 2022년 4월 22일부터 5월 6일까지 14박 15일을 보냈다. 지나고 보니 케냐는 그나마 아프리카에서는 여행 인프라가 잘되어 있는 나라였다.

케냐 개괄, 꿀팁

케냐는 기독교 국가이고 피부색은 흑진주처럼 아름다운 블랙이다. 케냐의 4월은 우기지만 계속 쏟아지지는 않고 소나기처럼 내린다. 고원지대라서 평균기온은 16~24도 정도다. 한여름에도 크게 덥

★ 시선을 사로잡는 화려한 버스. 거리에서 공예품을 파는 사람들

지 않다.

케냐의 수도는 나이로비다. 신도심은 깔끔하지만 구도심은 인도의 뉴델리를 방불케 할 만큼 혼잡하고 소란스럽다. 버스나 차량은 원색의 강렬한 그림들을 현란하게 그려넣어서 눈길을 확 잡아끈다. 대부분의 여행자들은 사파리 투어를 하기 위해서 오기 때문에 나이로비에선 오래 머물지 않는다. 투어사가 많아서 선택의 폭이 넓으므로

대부분의 여행자는 도착하자마자 투어 예약을 하고 떠난다. 국제공항이 있어 입국과 출국 시 거쳐 가는 경우가 대부분이다.

두 번째 큰 도시인 몸바사는 동쪽에 있고 인도양을 마주하고 있다. 날씨는 습하고 덥다. 몸바사 시내는 수도인 나이로비보다 깨끗하고 정돈된 편이다. 하지만 멋진 인도양 해변을 기대하고 가면 실망한다. 대부분의 해변이 사유지라서 담을 둘러쳐 놓아 바닷가로 접근하는 것부터가 어렵고 힘들다. 공용 해변은 제대로 관리하지 않아서 쓰레기가 많이 쌓여 있어 지저분하다. 인적도 드물고 풍경이 너무 삭막하다. 남쪽 도로를 차로 2~3시간 정도 가면 탄자니아 국경이다. 육로로 탄자니아를 갈 경우 필수적으로 들르는 도시다. 차로 2시간 거리에 있는 와시니 아일랜드가 유명하다. 돌고래와 바오밥나무 그리고 스노클링 명소다.

세 번째 큰 도시는 나이바샤다. 주변에 국립공원이 많아 케냐 관광의 허브다. 우간다로 연결되는 고속도로를 끼고 있는 관문 도시다. 주변에 마사이마라, 나쿠루 호수, 크레센트섬, 헬스 게이트 등 명소가 있다.

케냐 입국 서류, 조건

도착 비자에서 E비자로 바뀌었으로 인터넷으로 신청해야 한다. 3일 정도 걸린다는데 내 경우는 하루 걸렸다. 51달러와 수수료 3달러를 카드로 결제하면 된다. 준비 서류(출력본 준비 권장)로는 E비자와 호텔 예약 확인증만 있으면 된다. 편도 항공권(아웃 바운드 티켓)은 확인하지 않는다. 비자 및 입국 정책이 자주 바뀌므로 출발 전에 반드시 케냐 정부나 대사관 홈페이지에서 확인해야 한다.

물가, 음식

아프리카는 관광객 물가가 비싸다. 그래도 케냐는 다른 아프리카 국가에 비하면 착한 편이다. 특히 케냐의 호텔은 가성비가 좋았다. 지냈던 숙소는 모두 15달러 선이었는데 만족스러웠다. 시설, 서비스, 청결도, 위치 등등 다 좋았다. 음식도 우리 입에 잘 맞았다. 돼지고기만 없고 다양했다. 모든 메뉴에 밥이 있어서 음식 고생은 전혀 안 했다.

사파리 투어

아프리카 여행의 꽃은 사파리 투어다. 아프리카에는 3대 사파리 국립공원이 있다. 탄자니아의 세렝게티, 케냐의 마사이마라, 남아프리카공화국의 크루거다. 세 곳 중에 한 군데만 간다면 단연 세렝게티다. 규모도 크고 동물도 가장 많다. 당연히 비용이 다른 곳에 비해 비싸다. 세렝게티와 붙어 있는 마사이마라는 상대적으로 크기가 작다. 하지만 동물들은 물을 찾아 이동하기 때문에 계절만 잘 고르면 상대적으로 좁은 마사이마라 지역으로 몰려온 다양한 동물들을 볼 수 있다. 우리는 때를 잘 맞추어 갔는지 마사이마라에서 온갖 동물들을 만날 수가 있었다.

마사이마라 사파리 투어는 가성비가 좋다. 3일짜리 투어 비용은

★ 힘자랑 중인 하테비스트와 멀리서 구경하는 톰슨가젤 무리. 사파리 차가 가까이 접근해도 사자는 본 척도 안 한다.

300달러 정도지만 여행사마다 가격이 다르니 잘 알아봐야 한다. 개인이 혼자서 사파리를 관광할 수 없는 여건이다. 개인은 동물들이 사는 국립공원 지역 내로 들어갈 수 없다. 반드시 전문 가이드를 동반하고 안전한 사파리 차량에 탑승해야만 한다.

언어, 종교

스와힐리어와 영어를 사용한다. 스와힐리어는 케냐, 르완다, 탄자니아, 콩고민주공화국, 부룬디, 말라위, 모잠비크 등지에서 사용하는 아프리카 언어다. 케냐는 영국의 식민지였기에 영어가 어디서든 잘 통한다. 기독교가 60% 정도, 나머지는 이슬람교와 소수의 힌두교다.

그리고 케냐는 금연 모범 국가다. 보름 동안 흡연자를 본 건 10명도 안 된다. 기독교 문화와 현지 물가 대비 담뱃값이 워낙 비싼 탓이라고 한다. 흡연자라면 케냐 여행을 하며 금연도 하면 좋을 듯하다.

★ 자바 하우스, 카페 쎄리

커피

케냐 커피가 유명한데 실제 마셔보면 2% 부족하다. 가장 유명한 커피 체인점인 자바 하우스의 경우 각 지점마다 맛이 제각각이고 커피를 내리는 방식도 달랐다. 바리스타의 수준이 문제다.

나이로비 시내에는 한국인의 기호에 잘 맞고 분위기 좋은 '커넥션'이라는 커피점이 새로 생겨서 인기를 끌고 있다. 번화가에서 약간 떨어져 있어서 찾아가기가 좀 어려운데도 핫플레이스로 알려져 항상 청춘들로 만원이다.

교통

자동차는 좌측통행이라 운전석이 우측에 있다. 탈 때 자꾸 헷갈린다. 우버 택시가 잘되어 있어서 편리하다. 여행하다 보면 택시 기사들의 바가지 횡포에 시달려 기분이 상해서 여행을 망치는 경우가 많다. 하지만 케냐의 우버는 안전, 가격, 친절함 등 모든 게 만족스러웠다. 호출을 하면 핸드폰에 운전기사의 인적사항과 사진이 뜨고 현재 차량 위치와 이동 상황, 확정된 요금 등이 표시돼서 편리하다.

케냐는 도시는 물론이고 시골까지 m-pesa 결제가 일반화되어 있다. 일종의 체크카드다. 은행이 아니라 사파리닷컴(safari.com)이라는 이동통신사에서 등록해야 한다. 여행자도 심카드 살 때 선입금으로 충전해야 한다. 기차표 예매 시에는 m-pesa로만 가능하다. 기차, 택시, 호텔, 식당, 슈퍼마켓 등 모든 곳에서 사용할 수 있다.

쉬엄쉬엄
에티오피아

———————— 세계 일주를 두 번째 하면서 공항 울렁증?

이번 여행에서 장거리 이동은 모두 비행기를 이용했다. 시간과 수고를 아끼기 위해서다. 그런데 공항에서 미처 예상치 못한 일을 자주 겪었기 때문에 공항에 갈 때마다 울렁증이 생긴다. 이번엔 또 무슨 해프닝이 벌어지려나 긴장하게 된다. 울렁증은 일종의 트라우마다. 소셜 포비아(Social Phobia)다. 흔히 가장 좋은 치료 방법은 마인드컨트롤, 즉 자신감과 남을 의식하지 않는 마음가짐을 가져야 한다고 말한다. 그러나 그게 말처럼 쉬운 게 아니다.

그래서 내 스스로 할 수 있는 나만의 방법을 찾았다. 나는 시간에 쫓기는 패키지 여행자도 아니고 일정을 정해놓고 다니는 스타일도 아니다. 문제가 생겨 비행기를 못 타면 당혹스럽긴 하지만 '되돌아가서 며칠 더 쉬다가 다시 가면 되지 뭐~'라고 단순하게 생각하려고 노력했다. 아주 단순 무지한 방법이지만 상당히 효과가 있었다. 케냐를 떠날 때 조모 케냐타 공항에서도 또 한 번 황당 시츄에이션을 겪었지만 당황하지 않고 여유와 배짱으로 대처해서 무난히 해결하고 잘 넘겼다.

─────── **비행기 출발 20분 전에 아웃 티켓 폭풍 검색**

케냐의 나이로비에서 에티오피아의 수도 아디스아바바로 가는 비행기를 타려는데 돌발 상황이 발생했다. 에티오피아에서 아웃하는 티켓이 없으면 탑승할 수가 없다는 거다. 그런데 문제는 비행기 출발 20분 전에 이런 사실을 안 것이다. 급하게 에티오피아에서 탄자니아의 잔지바르로 가는 아웃 티켓을 폭풍 검색했다. 날짜 변경이 가능한 제일 싼 티켓을 발견하고 망설임 없이 발권했다.

결국 제일 마지막 탑승객이 되었다. 자리에 앉아 티켓을 찬찬히 확인해보니 에티오피아 체류 가능 기간이 열흘밖에 안 되었다. 에티오피아의 관광지는 모두 북부에 몰려 있다. 버스로 10시간 이상 가야 하는데, 북부 지역만 돌아봐도 내 스텝으로는 2주는 잡아야 한다.

북부의 랄리벨라는 중세 암굴사원과 성당이 유명하다. 악숨은 수백 미터의 오벨리스크가 볼거리다. 곤다르는 17~19세기 수도였다. 다나킬은 해수면보다 100m나 낮은 땅으로 소금광산이 유명하다. 낮 기온이 34도가 넘는 제대로 뜨거운 땅이다. 아디스아바바는 해발 2,300m의 고원이라 한낮 기온이 25도 정도로 활동하기 적당하다.

여행의 콘셉트가 자동적으로 정해졌다.

'나! 다! 킬!~ 유명 관광지는 나 다 킬하고 그냥 쉬기만 할 거야!'

아디스아바바에서 충분히 휴식을 취하며 로컬 라이프 체험이나 해야겠다! 다행인 건 나는 과거의 유물이나 유산 구경은 별로 좋아하지 않는다는 것이다. 열심히 사는 현지인들의 생활과 문화 등에 더 큰 흥미를 느낀다.

아디스아바바에서는 푹 쉬자

케냐에서 보름 동안 빡세게 보냈다. 새벽부터 밤까지 투어가 이어졌다. 그리고 리턴 티켓 때문에 스트레스를 엄청 받았다. 휴식이 필요했다. 그래서 잘 먹고 잘 자고 잘 쉬기로 했다. 계속 아프리카를 여행할 생각인데, 입국 정책이 수시로 바뀌어 정확한 최신 정보가 부족했다. 검색하고 확인해서 준비를 보완해야 한다. 아디스아바바에서만 머물면서 쉬엄쉬엄 휴식과 체력 보강 그리고 정비와 준비를 했다.

에티오피아는 인구가 1억 2,000만 명이다. 아디스아바바 시의 인구는 450만 명이고 광역시가 450만 명으로 약 900만 명 정도가 살고 있다. 개인 소득이 1,000달러가 안 되는 나라다. 한국전쟁 때는 6,000명이 넘는 군인을 파병해서 우리나라를 도왔던 나라다. 내가 아프리카 여행을 꿈꿀 때 가장 먼저 떠올랐던 나라다. 한국전쟁 참전국 그리고 맨발의 마라톤 영웅 아베베의 역사와 기억이 나를 잡아끌었다.

아디스아바바에 도착해서 며칠 동안은 다음 여행 국가인 탄자니아 입국에 필요한 준비와 정보 검색을 하느라 바쁘게 보냈다. 준비를 마무리하자 맨 처음 찾아간 곳이 '에티오피아 한국전쟁 참전용사 기념공원'이다. 이름이 길어서 보통 '한국공원'이라고 줄여서 부른다.

70여 년 전 에티오피아는 우리나라에 군인들을 그냥 뽑아서 보낸 게 아니다. 셀라시 황제를 경호하는 최정예 황실 친위대인 '강뉴' 부대를 파병했다. 주로 강원도 화천, 문등리, 금화 일대에서 싸웠다. 253전 253승의 신화를 남겼다. 122명이 전사하고 536명이 부상을 당했다.

지금까지 생존해 있는 참전 용사는 88명 정도다. 가슴 아픈 건 1974년에 쿠데타가 일어난 후 17년간 이어진 공산 정권 치하에서 참전 용사들이 혹독한 핍박을 받았다는 사실이다. 반역자 취급을 받았다. 특히 후손들은 멸시를 받으며 가난에 시달리고 교육조차 제대로 받지 못했다. 마치 우리나라 독립운동가의 후손들이 겪었던 비극과 똑같다. 공산 정권이 무너졌지만 가난의 대물림은 피할 수가 없었다. 지금은 우리나라가 살기 좋아져 많은 원조를 하는 나라가 됐다. 에티오피아 같은 혈맹에 더 많은 예산을 지원하고 원조를 해주면 좋겠다.

나는 개인적으로도 어려울 때 도와준 사람의 은혜는 평생토록 잊으면 안 된다고 생각하는 사람이다. 진심으로 감사하고 받은 것 이상으로 갚아야 마땅하다고 믿는다. 특히 나보다 더 살기 힘든 처지가 됐다면 더더욱 그렇다. 그래서 에티오피아에 가면 한국공원을 꼭 가

★ 한국공원 입구 정문. 전사자의 이름이 새겨진 122개의 스톤이 담장처럼 세워져 있다.

장 먼저 찾아보겠다고 마음먹었다.

에티오피아 한국공원 위치를 구글맵으로 확인해보니 숙소에서 왕복 18km 거리다. 시내 외곽 지역의 산기슭에 자리 잡고 있다. 운동 삼아 걸어서 가보기로 했다. 바로 직전 여행지인 케냐에서는 사파리 차와 우버 택시만 타고 다녀서 하루 평균 1만 보도 못 걸었다. 여행은 다리 힘으로 하는 거다. 아디스아바바에서는 무조건 뚜벅이가 되어 걷기로 했다.

제주도에서 1년살이를 하면서 올레길 425km를 6바퀴 완주한 경험이 있다. 그놈의 어줍잖은 경험과 자신감이 나를 사서 하는 고생으로 밀어넣는다. 하지만 가면서 점심도 먹고 차도 마시고 의회와 박물관 그리고 시장 구경도 하면서 한눈을 팔며 쉬엄쉬엄 가니 별로 힘들지 않았다.

돌아올 때는 구글맵을 계속 켜두었더니 핸드폰 배터리가 방전이 돼버렸다. 충전을 핑계 삼아 선술집에 들러 맥주를 두 병씩이나 마셨다. 엎어진 김에 쉬어 가자는 내 여행 원칙에 충실한 거다.

한국공원 방문으로 하루를 온전히 보냈다. 어떤 역사적 유적이나 명소를 방문한 것보다 훨씬 뿌듯하다. 다리가 고생했지만 보람찬 하루에 만족한다.

길 다방
숯불 커피 예찬

핸드메이드 커피 한 잔에 250원

아디스아바바에서는 공항에서 시내 올 때 빼곤 한 번도 차를 타지 않았다. 주구장창 걸어 다니면서 골목길 구석구석을 제대로 보고 느꼈다.

아디스아바바는 참 재미 가득한 도시다. 걸으면서 보이는 풍경들 중에 가장 많이 눈에 띄는 게 길거리 카페다. 한 집 건너 하나씩 있다. 한 잔에 250원 하는 커피를 판다. 가게나 집 앞의 처마 밑이나 공터에 의자를 몇 개 놓고 있는 서민들의 쉼터다. 숯불에 원두를 직접 볶고 간 다음에 도자기 주전자에 끓여서 작은 잔에 따라준다. 강하고 진한 에스프레소 맛이다. 맛은 한약처럼 쓰다.

현지인들은 설탕을 듬뿍 넣어 마시는데 나는 현지인들의 삶같이 쓰디쓴 맛을 애써 느껴보려고 설탕을 넣지 않고 마셨다. 솔직히 맛이 있어서 마신 게 아니라 현지인들을 가까이에서 느껴보고 싶어서 자주 들렀다.

쿠바의 하바나 길거리에서 마셨던 진한 에스프레소와 맛과 가격이 비슷하다. 쿠바는 보온병에 담은 걸 따라주면 서서 마신다. 에티오피아는 즉석에서 숯불로 끓여서 주면 목욕탕에서나 보던 낮은 플라스틱 의자에 앉아서 마시는 게 다르다.

착하고 호기심 많고 친절하지만 하루하루의 삶이 고달픈 에티오피안들이다. 그들 틈에 섞여서 마시는 커피는 사실 맛보다는 로컬 체험의 의미가 더 크다. 긴 유랑의 낯선 길에서 마시는 한 잔의 에티오피아 길 다방 커피는 여행자에게 위로와 힘을 준다.

인터넷에서 에티오피아 여행 후기들을 찾아봤는데 대부분 고급 브랜드 카페에 대한 소개가 많았다. 그중에서 토모카 카페가 가장 유명하다. 1953년부터 지금까지 서서 마시는 전통을 유지하고 있다. 한국에 '서서 갈비'가 있다면 에티오피아에는 '서서 커피'가 있다. 카페라테의 강렬한 맛과 색감이 인상적이다. 칼디스 카페는 우리나라의 커피숍에서처럼 깔끔하고 안락한 테이블과 의자가 있다. 마키아토가 추천할 만하다. 그 밖에도 번화가에는 최근에 생긴 유명 브랜드의 커피 체인점들이 제법 많다. 이런 곳들은 인테리어나 분위기도 좋다. 커피 맛과 향도 뛰어나다. 비싼 커피숍도 가격은 1,000~1,500원 정도로 매우 저렴하다.

그리고 에티오피아에 가면 커피 세리머니(Ceremony)를 꼭 보라고들 한다. 서민들이 팝콘과 빵을 먹으며 커피를 즐기던 문화에서 유래됐다. 호텔에서 비싸게 보여주는 커피 세리머니는 관광객용으로 레벨업시킨 것이다. 물어물어 작은 로컬 호텔에서 하는 세리머니를 찾

★ 소박하지만 정겨운 길 다방

★ 로컬 호텔에서의 커피 세리머니. 빵과 팝콘이 포함되어 있다. 호텔 로비에 숯불을 가져와서 직접 끓여준다. 에스프레소 맛인데 마시다 보면 중독성이 있다.

★ 250원 하는 길 다방의 차이(홍차). 직접 걸러준다. 입이 텁텁할 때 개운하게 해준다. 선술집처럼 서서 커피를 마시는 토모카 카페의 카페라테 1,100원

아가봤다. 힐튼호텔에서 하는 화려한 커피 세리머니에 비하면 많이 빈약하지만, 현지인들이 찾는 오리지널 커피 세리머니는 정겹고 친근했다. 의지가 불편하고 와이파이도 없지만 사람 냄새가 물씬 나고 마음이 편했다.

에티오피아에서는 1일 3커피를 권함

에티오피아는 커피의 고향이라 불린다. 케냐 커피가 유명하지만 에티오피아에서 건너간 것이다. 커피가 처음 발견된 에티오피아는 세계 5위의 커피 생산국인 동시에 아프리카 국가 중 가장 많은 커피를 생산하는 나라다. 커피 원산지답게 천혜의 커피 재배 환경을 갖고 있다. 평균 고도 1,300~1,800m, 연강수량 1,500~2,500mm, 평균기온 15~25도로 아라비카 커피를 생산하는 데 최적이다. 그리고 생산량의 50% 이상이 에티오피아 내에서 소비될 만큼 커피를 사랑하는 나라다. 스타벅스 원두의 주산지이기도 하다.

850년경 목동인 칼디는 염소들이 흥분한 상태에서 뛰어다니며 크게 울고 뒷발로 춤을 추는 등 이상한 행동을 보이고, 쉽게 잠을 이루지 못하는 모습을 발견했다. 원인은 염소들이 커피 체리를 먹었기 때문이었다. 커피 체리의 맛을 본 칼디는 몸에서 활력이 솟아나는 것을 느껴 '천국에서 보낸 열매'라 칭했다. 반면에 수도자들은 '악마의 소행'이라 부르면서 불에 던져버렸다. 하지만 수도자들도 불에 잘 익은 커피 향에 반해서 큰 병에 원두를 담아 뜨거운 물을 부어 커피를 마시기 시작했다.

에티오피아 커피는 다양한 맛과 향을 자랑한다.

- 짐마(Jima) : 강한 산미와 묵직한 바디감이 느껴진다.
- 리무(Limu) : 강한 아로마, 단맛과 톡 쏘는 신맛이 조화롭다.
- 베베카(Bebeka), 테피(Teppi) : 적당한 산미가 있다.
- 월레가(Wellega) : 월레가는 과일향이 나며, 적당한 산미와 바디감을 느낄 수 있다.
- 예가체프(Yirgacheffe) : 과일향, 꽃향 등 복합적인 풍미가 있다. 시트러스 계열의 밝은 산미가 있고, 입에 닿는 느낌이 부드럽다.
- 시다모(Sidamo) : 레몬과 같은 밝은 산미와 고소한 향미가 있다.
- 하라르(Harrar) : 레드와인의 풍미와 과일의 산미가 있다.
- 아리차(Aricha) : 쓰지 않은 단맛과 신맛이 조화롭다.
- 코케허니(Koke Honey) : 복숭아, 살구 같은 감귤류의 상큼한 맛과 진한 초콜릿과 밀크 아로마가 있다.

솔직히 나는 이처럼 다양하고 오묘한 커피 맛을 제대로 감별하고 음미할 수준이 못 된다. 그냥 강한 산미와 묵직한 바디감의 짐마면 끝이다. 그래도 커피의 고향에 왔으니 골고루 마셔보았다. 에티오피아에 가면 1일 2커피 하라고 말하는데 나는 1일 최소 3커피 했다. 커피를 마시는 것도 좋았지만 그 공간과 시간에서 느끼는 여유와 편안함이 더 좋았다. 나의 에티오피아 여행 테마는 커피가 되어버렸다.

걸어서 구석구석
아디스아바바 요모조모

구두닦이, 길거리 체중계

거리를 걷다 보면 한국에서는 볼 수 없는 진기한 풍경을 많이 보게 된다. 슈샤인 보이(shoeshine boy, 구두닦이)가 가장 눈길을 끈다. 우리나라도 6·25전쟁 후에 구두닦이가 많았었기에 다시 보게 된다. 길가에 의자 하나 놓고 구두뿐만이 아니라 운동화도 세제를 묻혀 손세탁해 주는 게 특이하다.

길거리 체중계는 한 번 재는 데 2비르(50원 정도)를 받는다. 1인 사장들은 모두가 초딩 나이의 꼬마들이다. 대낮에 영업에 열중하는 걸 보니 학교는 진작에 접은 것 같다. 손님은 거의 못 봤다. 이것도 사양 사업이 된 것 같다. 누가 요새 돈 내고 체중을 잰단 말인가. 그냥 집에서 눈치 보며 있느니 소일 삼아 나온 건 아닐까 하는 생각이 들었다.

꼬마 사장이랑 눈빛이 마주쳤는데 도저히 그냥 지나칠 수가 없었다. 체중계에 올랐는데 저울 눈금이 120kg에서 왔다 갔다 한다. 흐메

★ 구두닦이 아저씨와 체중계 영업을 하는 꼬마. 배달 소쿠리를 이고 가는 건장한 남자

엉터리인 거~ 그럼 어때. 괜찮아. 함께 사진 찍고 놀다가 손이 부끄러워 5비르(125원)를 주었다. 입이 귀까지 찢어진다. 마음이 짠했다.

특이한 두 가지

이곳에선 건장한 남자가 커다란 플라스틱 소쿠리에 음식을 가득 담아 머리에 얹고 배달을 간다. 손으로 붙잡지도 않고 머리로만 이고 두 손은 핸드폰을 하며 걸어가는데도 균형을 유지하는 모습이 놀라웠다.

다른 하나는 북한 대사관 건물이다. 시내 중심지에 자리 잡고 있어서 지나다니다 보면 한번쯤 보게 된다. 안내 간판과 건물이 낡아서 아주 초라해 보였다.

고양이가 아니다. 길가에 할 일 없이 앉아 있다가 내가 지나가면 치노! 니하오~ 니하오~ 하며 장난을 치는 녀석들이 있었다. 하루에도 열 번 이상 들었다. 대개는 무시하고 그냥 지나갔다. 쿠바의 아바나 골목길에서 매일 듣던 소리라서 별로 생소하지 않았다. 가끔 장난기가 발동하면 휙 돌아서서 니아옹~ 니아옹~ 하고 놀려 먹었다. 니하오와 니아옹은 발음이 비슷하다. 나의 행동에 놀라서 오히려 당황스러워했다. 아디스아바바에는 할 일 없이 길가에 앉아 소일하는 실업자가 참 많다.

음식

아디스아바바에 한국 식당은 세 군데 있다. 나는 숙소에서 가까운 '대장금'만 가봤다. 다른 외국에 있는 한식당에 비해 가격이 비싸지 않은 편이다. 30년째 에티오피아에 산다는 사장님의 음식 솜씨가 좋은지 다 맛있다. 하지만 소주는 한 병에 21,000원으로 비싸다. 금주 만세다!

라면은 세계 어느 나라를 가든 다 있다. 에티오피아에는 컵라면은 없고 인도네시아에서 만든 '인도미(Indomie)'라는 봉지라면만 있다. 하나에 620원 정도 한다. 매운맛이 없으니 고추장을 첨가하면 된다. 로컬 식당 음식도 먹을 만하다. 정육점 식당이 인기다. 나는 혼자 가서 1인분 시켜서 먹고 너무 많이 남아서 포장해와서 두 끼를 먹었다. 로컬 식당에는 쌀밥(볶음밥) 메뉴가 있다. 부가세 15%, 고급스러운 곳

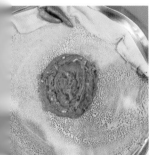

★ '인제라' 내가 '소똥밥'이라고 이름 붙인 로컬 푸드다. 콩을 갈아 각종 야채를 넣어 만드는데, 퍽퍽하다. 맨손으로 바닥에 있는 '난'을 찢어 싸 먹는다. 2가지 속재료와 물 1병을 추가해 5,000원. 한 인식당에서 먹은 제육볶음. 밥은 추가 주문해야 한다. 17,000원. 인도미 라면

은 봉사료가 5% 붙는다.

흡연, 음주

　말보로 한 갑에 4,500원이다. 싼 원스톤이 2,000원이다. 금연 모범국이다. 그런데 반전이 벌어진다. 담배를 잘 안 피는 대신 약한 마약 성분이 들어 있는 까트(Ktat)라는 풀잎을 씹는다. 마약 성분이 든 금지 품목을 가게에서 버젓이 판매한다. 외국으로 가지고 나가면 마약사범으로 체포된다.

　술집이 많아 밤이 되면 술집 불빛이 요란하다. 맥주 한 병에 1,000원이다. 맥주 맛은 한국보다 훨씬 나은 것 같다. 밤이 되면 대로변은 노숙자와 매춘부들의 차지가 된다. 밤길 다니기가 꺼려질 정도다.

★ 중국인들이 만든 시티 공원에서 바라본 시내. 고층 빌딩이 많다. 시내를 활보하는 넝마주이

날씨, 환경

날씨는 기가 막히다. 한낮에도 활동하기 좋다. 그러나 낡은 차들이 많아 대기 오염이 심하고, 비포장도로와 공사 구간이 많아서 흙먼지가 많이 날린다. 구시가지에는 걸인과 넝마주이와 노숙자들이 많다. 구걸은 하지만 짜증나게 치대지는 않는다. 신시가지는 21세기인데 구시가지는 60~70년대 모습 그대로다.

숙소

5성급 호텔도 있지만 배낭여행자에게 맞는 싸고 깨끗한 숙소가 많다. 처음 이틀은 24달러짜리 중급 호텔에 묵었다. 조식 포함이고 리셉션에서 영어와 환전이 가능한 만족스런 숙소였다. 그다음에는 방의 크기가 중급 호텔보다 두 배는 넓은 저렴한 게스트하우스에 묵었다. 하루에 15달러였다. 리셉션 근무자 모두 영어가 안 된다는 거 빼곤 다 만족스러웠다.

탄자니아 잔지바르!
착한 둥이들만 사는 섬

에티오피아를 떠나 탄자니아의 잔지바르섬으로 가는 날이다. 중간에 케냐의 나이로비 공항에서 환승하는데, 7시간 동안 대기해야한다. 7시간쯤이야 문제가 아니다.

나를 신경 쓰이게 한 건 이미 8일 전에 신청한 탄자니아 E비자 승인 메일이 출발 당일에도 도착하지 않은 거였다. 출발 전에 확인해보니 탄자니아 입국 비자 정책이 또 바뀌었다. 원래는 도착 비자였다가 코로나로 사전 E비자 제도로 바뀌었다가 다시 도착 비자와 E비자 둘다 가능한 걸로 바뀌었다. 크게 걱정할 건 아니라고 판단했다. 만약 E비자가 승인되지 않았으면 좀 억울하긴 하지만 잔지바르 공항에서 50달러를 내고 도착 비자를 다시 받기로 했다.

잔지바르 공항에 도착하니 먼저 백신 접종 증명서와 황열병 예방접종 카드를 체크했다. 이건 잘 준비해 왔으니 별일 없이 통과했다.

다음은 보건국에 인터넷으로 제출해야 하는 건강 상태 사전 신고서 차례다. 요건 2022년 5월 1일부로 폐지된 걸 확인했기에 당당하게 없다고 말했다. 직원 왈 탄자니아 본토는 폐지됐지만 잔지바르섬은 계속 유효하단다. 인터넷에 접속해서 작성해야 하는데 난 와이파이가 안 돼서 할 수가 없었다.

그래서 '뭔 귀신 씨나락 까먹는 소리여? 여긴 탄자니아 땅 아녀? 언제 독립한거? 난 못혀! 삶아 먹든 구워 먹든 맘대로 혀봐~' 배째라는 식으로 나갔다. 젊은 직원이 안 되겠는지 자기가 대신해준단다. 창가 쪽 바닥에 둘이 쭈그리고 앉아 나는 여권 번호, 주소, 이메일, 생년월일, 전화번호, 묵을 호텔 등을 불러주고 직원은 열심히 작성했다.

"열 나거나 기침하거나…??"

"나 건강혀! 보믄 몰러!"

웃음이 나는 걸 억지로 참았다. 손자와 치매끼 있는 할배가 벌이는 것 같은 해프닝을 한 판 하고 통과다. 젊은 직원이 착하고 고맙다. 인사하고 어깨동무하고 사진도 찍었다.

쌩돈 날릴 뻔했다가 갑자기 횡재하다

다음은 이미그레이션이다. 도착 비자를 받으려면 2개의 양식을 다 채워서 내야 한다. 웬 빈칸이 이렇게 많아? 궁시렁거리며 다 작성해서 도착 비자 비용 내는 곳으로 갔더니 먼저 심사대로 가서 컨트롤 넘버를 받아오라고 한다. 뭐가 이리 복잡혀? 딴 나라들은 돈 내면 스티커 붙여주고 바로 스탬프 찍어주더만.

★ 조식 포함 18달러짜리 방. 숙소 직원(왼쪽에 노란색 티 입은 사람)과 함께 길거리에서 유심칩을 구입했다. 외국인은 먼 거리의 오피스로 가야 해서 자기 이름으로 등록도 해주었다. 한 달 12기가 데이터와 심카드 포함해서 33,000원 정도다.

심사대로 가서 또 궁시렁궁시렁~ 아주 가련한 표정으로 억울함을 호소했다. "이미 8일 전에 E비자 신청하고 돈도 결제했는데 승인 메일을 못받았다. 난 정말 억울하다"고 우는 소릴 했다. 직원들이 한참 컴퓨터를 확인하더니 자기들끼리 뭐라 뭐라 하는데 좋은 촉이 찌리리 울린다.

"미안하게 됐슈. 승인은 떨어졌는데 발송이 안 됐구먼유. 가끔 컴퓨터가 실수를 해유" 야호! 쌩돈 50달러 날릴 뻔했는데 횡재했다. 입국 심사장에 있던 직원 전원과 악수하고 땡큐를 날려주었다. 아프리카의 공무원들은 모두가 무능하고 부패하다는 잘못된 편견이 한 방에 사라졌다.

마지막 관문은 세관 엑스레이에 짐을 통과시키는 거다. 이미 다른 승객은 다 빠져나가고 나 혼자다. 직원이 심심한 것 같아 말을 시켰다. "공항에서 시내까지 택시 타면 얼마 줘야 해? ATM 돈 뽑는 기계는 어디에 있어? 핸드폰 심카드는 어디서 사야 돼? 얼마야?" 정말 천

★ 첫날 늦은 밤에 갔던 루크만 식당. 늦게까지 손님이 많은, 알고 보니 소문난 맛집이었다. 첫날 먹은 저녁 식사. 매우 만족스러웠다.

사표들만 모아놨는지 세관 직원도 꼬박꼬박 대답을 잘해주었다.

청사 밖으로 나오니 역시나 택시 호객꾼들이 쌍수를 들어 환영해준다. 얼마냐고 물었더니 15달러란다. 어림없는 소리다. 특별히 10달러 준다고 했더니 군말 없이 오케이했다. 택시 기사도 착한 듯하다. 호텔에 도착해 체크인을 하는데 방이 다 차서 침대 3개짜리 방만 남았단다. 그래서 추가 요금 없이 같은 가격으로 조식 포함 하루 18달러짜리 방을 혼자서 쓰게 됐다. 넓은 방에 에어컨은 빵빵하고 천장팬도 잘 돌아갔다. 캐리어 옮겨주는 젊은 직원도 착했다.

짐만 내려놓고 늦은 저녁을 먹으러 나가면서 괜찮은 식당을 물어보니 100m만 가면 루크만(Luk Maan)이란 식당이 있단다. 볶음밥에 장조림 맛 나는 소고기 한 접시, 물 2리터짜리 한 병 해서 모두 5,000원인데 맛있었다. 아니 여긴 어떻게 이렇게 다 착한 거야!! 물론 다음날도 갔다.

잔지바르에서
프레디 머큐리를 만나다

——————— **〈보헤미안 랩소디〉의 열기를 다시 느끼다**

탄자니아의 잔지바르섬에 꼭 가야겠다고 맘 먹은 건 순전히 영화 〈보헤미안 랩소디〉의 주인공인 프레디 머큐리의 생가를 가보고 싶어서였다.

"I'm not going to be a Star, I'm going to be a Legend." (나는 스타가 아니라 전설이 될 거야.)

그는 참 복잡한 인생을 살다 갔다. 이란계 인도인이었고 나중에는 영국인이었다. 18형제들 틈에서 자라, 초중고는 잔지바르와 인도에서 대학은 영국에서 다녔다. 전공은 디자인이었다. 내성적인 성격이지만 노래할 때만은 열정의 화신이었다.

90%가 이슬람교도인 잔지바르에서는 지금도 그를 경원(敬遠)한다. 영국에서는 동양계 출신이라고 무시했다. 게다가 게이에다 에이즈에다가 조로아스터교도였으니 골병들도록 평생을 차이고 까이면서

살았다. 어딜 가도 이방인이고 아웃사이더였다. 45년의 짧은 생을 야유와 박수를 동시에 받으며 불꽃처럼 살다 갔지만 그는 록의 전설로 남았다.

나는 5년 전에 2년 동안의 세계 일주를 하고 있었다. 불교의 나라 스리랑카에서 〈보헤미안 랩소디〉를 보았다. 불교의 나라에서 양성애자의 록 뮤직 영화를 보는 게 참 묘한 느낌을 주었다. 돌비 시스템

★ 프레디 머큐리 뮤지엄
★ 프레디 머큐리 뮤지엄 골목. 뮤지엄 안에서 만난 귀요미들

이 워낙 빵빵해서 극장이 아니라 공연장의 관중석에 있는 것 같았다. 사운드가 가슴까지 흔들어놓았다. 그때 이미 나는 잔지바르에 꼭 가 보고 싶었다. 그래서 잔지바르에 도착하자마자 프레디 머큐리의 생 가를 맨 처음 찾아갔다. 그곳에서 〈보헤미안 랩소디〉의 뜨거운 열기 를 다시 느꼈다.

골목길 구석구석 숨겨져 있는 매력

잔지바르는 인도양의 흑진주라고 불린다. 동부 아프리카에서 가 장 아름다운 바다와 해변을 자랑한다. 섬의 중심인 스톤타운은 도시 전체가 유네스코 문화유산으로 지정되어 있다. 그만큼 볼거리가 많 다. 이슬람이 대부분을 차지하지만 인도, 페르시아, 아프리카, 유럽 문화가 혼재되어 다양하면서도 독특한 매력을 품고 있다.

보통의 관광객들은 200여 년을 살고 있는 거북이를 보러 프리슨 아일랜드에 간다. 호핑 투어를 가서 스노클링을 하고 비치에서 멋진 해산물 바비큐를 즐긴다. 그리고 향신료 투어, 돌고래 투어, 포레스 트 투어, 이스트 코스트 혹은 노스 코스트 투어 등으로 바쁘게 보낸 다. 그리고 서둘러 휘리릭 떠난다.

어쩌다 여행자들은 시간이 부족하니 따라하기 투어를 할 수밖에 없다. 하지만 나는 가진 게 시간밖에 없는 날마다 여행자다. 적어도 한 군데서 한 달 정도 어슬렁어슬렁 돌아다니며 낯선 사람들이 살아 가는 모습을 보고 느낀다. 프레디 머큐리의 생가를 보고, 낡고 오래 된 건물들 사이로 난 골목 골목을 걷는 게 좋다. 재래시장과 야시장

★ 잔지바르 스톤타운 골목 풍경

을 돌아보고 인도양 트레일을 따라 걷는 게 좋다. 무엇보다도 프레디 머큐리를 추억하며 인도양을 마주한 아담한 카페에 앉아 있는 시간이 가장 행복하다. 특히 잔지바르 스톤타운의 골목길은 구석구석 매력이 숨겨져 있다.

예전에 모로코에 갔을 때 구도시의 미로 같은 골목길인 메디나에서 길을 잃고 헤맨 적이 있다. 그때 몇 시간을 돌아다녔지만 전혀 힘들거나 짜증스럽지 않았다. 메디나에 오지 않았다면 절대 볼 수 없는 신기하고 재미난 풍경에 흠뻑 빠졌다. 잘못 들어간 길에서 기대하지 못한 멋진 풍경과 사람과 경험을 마주하게 된다는 걸 새삼 느꼈었다.

잔지바르는 작기 때문에 골목길이라 해도 메디나처럼 복잡하지 않다. 5년 전과는 달리 구글맵이나 맵스미를 켜면 정확하게 방향과 거리를 알 수 있다. 더 여유 있게 걷고 보고 누릴 수 있다. 골목길이라고 하지만 옛날에는 마차가 다닐 수 있는 큰 도로였다. 세월이 흘러 좁고 쇠락한 길이 되어버렸지만 백 년이 넘는 3~4층짜리 건물들이 과거의 영화를 보여준다.

잔지바르는 열대의 섬이라서 재래시장에는 생선과 과일이 풍성하다. 먹거리도 다양해서 군것질하기 좋다. 삶이 무료하고 권태로울 땐 시장이나 선창에 가보는 게 좋다. 활기찬 모습을 보면 저절로 의욕과 용기가 솟는다. 시끄러운 시장은 이방인에게 치유와 회복의 마당이 되어준다.

짠짠 빠라빠라 다이내믹 막다이빙

한국의 관광버스 막춤이 서민들의 흥겨움을 대표한다면, 잔지바르는 하루 종일 해변에서 펼쳐지는 막다이빙이 대표적 오락거리다. 야시장 바로 앞이 막다이빙장이다. 그냥 바다로 풍덩 뛰어드는 아이들부터 현란한 묘기를 부리며 멋지게 뛰어드는 사람들까지 각양각색이다. 보는 사람들은 눈이 즐겁고, 막다이버들은 관중들의 시선과 박수가 즐겁다. 보고 있노라면 나도 뛰어들고 싶은 충동을 느낀다.

★ 신나게 바다로 뛰어드는 막다이버들
★ 항구에 정박 중인 배. SNS에 많이 소개되어 한국인들에게 유명한, 보트 타고 가서 먹는 레스토랑

잔지바르는 '짠짠 빠라빠라'다. 잠자던 신과 흥을 흔들어 깨운다. 노화로 죽을 줄 알았던 세포들이 꿈틀꿈틀 되살아나는 것 같다. 스톤타운의 명물 중 하나다.

노예무역의 흑역사

동아프리카의 보석 잔지바르는 론리플래닛이 선정한 세계 최고 가성비 여행지 Top10에 선정된 섬이다. 동시에 노예시장(slave market)과 무역으로 번성한 도시라는 오명을 안고 있다. 아프리카 동부 지역에서 인간 사냥으로 잡아 온 수십만 명의 흑인들이 이 섬에서 각 대륙으로 팔려나갔다. 노예무역의 흑역사를 보여주는 노예 수용소(slave chambers)에 갔다가 인간의 잔혹함에 그저 망연자실하고 말았다. 며칠이 지나도 착잡한 기분이 가시질 않았다.

16세기 초에 포르투갈이 점령했다가 오만, 그다음은 영국이 지배했다. 노예시장은 16세기 초부터 1873년까지 계속됐다. 탐험가 리빙스턴의 호소로 영국 정부가 폐지했다. 영국은 그 자리에다가 대성당을 지어 영국의 위업을 기렸다. 영국의 산업혁명으로 노예 노동자들이 불필요해진 현실 상황도 영향을 미쳤다. 물론 일시에 근절된 게 아니다. 1900년대 초까지 비밀리에 이어졌다. 400여 년 동안 팔려나간 노예의 숫자는 60만~100만 명에 이를 것으로 추산된다.

노예 사냥꾼들은 탄자니아에서부터 콩고까지 진출해 납치와 약탈을 저질렀다. 플랜테이션 노동과 코끼리 사냥을 통한 상아 수집, 도시 건축 노동 등을 위해 팔려나갔다. 노예로 판매되기 전에 노예

★ 노예로 팔려갈 사람들을 묶어 가두어 두었던 지하 방

시장의 좁은 지하 방에 50~70명씩 쇠사슬로 묶어 가두어 두었다.

아이러니하게도 노예무역의 중심지가 노예해방의 본거지가 된 게 그나마 다행이다. 1963년 영국의 보호령이 종식되었다. 왕정 체제였으나 독립과 거의 동시에 공산 혁명이 일어나 영국인, 인도인, 페르시아인, 부자 아프리카인들이 죽거나 재산을 뺏기고 도망쳐야 했다. 영국 식민지 총독부 관리로 근무했던 인도계인 프레디 머큐리의 부친과 가족도 빈털터리가 되어 겨우 목숨만 건져 영국으로 건너갔다.

다행히도 이제 잔지바르는 흑역사를 걷어내고 세계적인 휴양지로 자리 잡았다. 슬프고 아픈 역사는 결코 잊어서는 안 된다. 다시는 이런 흑역사가 되풀이되지 않기를 간절히 빈다.

이제 스톤타운을 떠나 섬 북쪽의 능귀(Nungui)로 간다. 잔지바르 최북단에 있는 능귀에서는 노예 수용소에서의 참혹한 기억은 다 잊고 에메랄드빛 바다와 눈부신 백사장에 빠지고 싶다.

이보다 좋을 수 없었던
능귀 비치

어둠 속에서 쏟아지는 별들을 품어 안는 여행

능귀에 대해 인터넷으로 검색해보니 후기가 몇 개 올라와 있는데, 내용이 빈약했다. 형용사와 감탄사로 진하게 화장해놓은 듯해 별로 공감이 안 되었다. 기대하고 가면 실망하겠구나라는 느낌이 들었다. 나를 끌어당긴 건 오히려 능귀의 불편한 환경이었다. 간선도로 한 군데 빼곤 마을 전체가 비포장도로다. 밤이면 가로등이 없어 암흑천지가 된다.

길을 몰라도 헤맬 각오를 하고 떠나는 게 여행이다. 낯선 풍경과 사람을 기쁘게 마주하는 게 여행이다. 칠흑 같은 어둠 속에서 쏟아지는 별들을 품어 안는 게 여행이다. 불편함과 어려움을 피하지 않고 모험과 도전을 즐기는 게 여행이다. 캄캄한 골목길을 겁먹은 눈으로 두리번거리면서도 씩씩하게 헤쳐나가는 게 여행이다.

스톤타운에서 능귀는 56km 거리다. 버스도 있지만 택시를 타기

★ 아름다운 능귀 비치

로 했다. 날씨도 더운데 버스를 타려면 캐리어를 끌고 정류장까지 가야 한다. 에어컨도 없는 비좁은 미니버스를 타고 2시간 넘게 달려가야 한다. 내려서는 울퉁불퉁하게 패인 비포장길을 캐리어 끌고 걸어서 숙소까지 가기가 싫었다.

그런데 후진국의 택시 기사들에게 외국인 여행자는 호갱님이다. 무조건 바가지를 씌운다. 요금을 물어보니 50달러를 불렀다. 스톤타운 체류가 어언 열흘이 되어가니 이곳 물가는 훤하다. 무시했다! 다음 기사는 인심 쓰듯 40달러만 내란다. 콧방귀 세게 뀌어주고 쌩 소리 나게 돌아섰다. 숙소 근처의 택시 기사에게 물으니 30달러 내란다. 버스 타고 갈란다 했더니 25달러 달라고 한다. 돌아서려는데 다른 기사가 20달러에 가겠다고 나선다. 오케바리!

다음 날 아침 10시에 숙소 앞에서 출발하기로 했다. 시간 잘 지키라고 당부하니 걱정 말라고 큰소리쳤다. 경험상, 호언장담하는 게 영 미덥지가 않았다. 아침 10시에 나와 보니 택시가 안 보였다. 두리번거리니 택시 기사들이 몰려왔다. '살레' 기사가 오기로 했다고 설명하고 전화를 걸어봤지만 안 받았다. 다른 기사가 자기 폰으로 거니, 5분 후면 도착한단다. 옆에서 다른 기사가 친절하게 설명해줬다. 여기서 5분 후라고 하면 1시간으로 생각하면 된단다.

"능귀까지 20달러에 가기로 했으니 갈 사람 손 들어보라"고 했더니 의리도 없이 모두가 손을 번쩍 들었다. 그중에 제일 신형인 일제 미니밴을 골랐다. 타사마자 딥 어쩌구 한다. 단호하게 '노!'라고 잘라버렸다. 팁은 내가 알아서 주는 거다. 기사가 팁을 달라는 건 요금을 더 내라는 말이다. "딴소리하려면 여기 세워라. 그냥 내리겠다"라고 했더니 조용해졌다.

능귀에 도착해서 숙소를 찾는데 기사가 헷갈려서 딴 길로 갔다. 내 그럴 줄 알고 구글맵을 켜서 보고 있었다. 차를 돌리라고 했더니 이 길로 가도 된다고 뿌득뿌득 우겼다. 반대쪽의 더 험한 비포장길을 계속 달렸다. 구글맵을 보여주며 여기 표시된 데로 가라고 해도 기사 아저씨 왈 구글맵이 정확하지 않다는 거다. "뭔 소리 하셔! 맵은 정확해! 아저씨가 정확하지 않아!" 한참 실랑이하다 결국 차를 돌려 숙소를 찾아 내려주었다. 요금을 주니 딴소리 대신 플라스틱 재질의 디자인이 화려한 명함을 건네주었다. 스톤타운으로 돌아갈 때 꼭 자기를 다시 불러 달란다.

기대하지 않고 가면 만족한다

차가 정차하자 호텔 직원이 달려오더니 내 캐리어를 번쩍 들어서 2층 방까지 옮겨줬다. 열일곱 살이고 영어는 전혀 못하는데 눈치 빠르고 친절하고 예의 발랐다. 방은 깔끔하고, 에어컨은 없지만 천장에 달린 실링팬이 잘 돌아가서 전혀 덥지 않았다. 욕실도 깨끗하고 더운물도 잘 나왔다. 아침 식사 포함 하루 2만 원짜리 방이라 별 기대를 안 했는데 아주 만족스러웠다.

첫날은 우측의 조용한 알루나 비치를 걸었다. 왠지 필리핀의 세부 섬이랑 비슷했다. 해가 지고 어두워져서 돌아오는데 진짜 깜깜했다. 낮하고는 전혀 달랐다. 어디가 어딘지 분간하기가 어렵다. 그래도 하늘 가득한 별들을 볼 수가 있어서 좋았다. 숙소를 못 찾아 좀 헤맸다.

★ 숙소 거실 쿠션에서 아프리카 특유의 강렬함이 느껴진다. 조식 포함 하루 2만 원짜리 방
★ 해질녘 알루나 비치

가게 불빛을 보고 숙소의 위치를 물으니 청년 하나가 맨발로 뛰어나
와 숙소 앞까지 데려다주고 총총히 사라졌다. 기대하고 가면 실망하
고 기대하지 않고 가면 만족한다는 내 여행의 법칙이 맞았다. 기대를
내려놓고 왔더니 바다도 해변도 숙소도 식사도 사람도 다 좋았다.

★ 능귀에서는 돛단배를 '도우'라고 부른다.

새벽 어촌 풍경

새벽 바다를 보러 나갔다. 낮에는 적막하던 원주민 마을이 부산했다. 밤에 나가 고기를 잡아 새벽 시장에 넘기면 일과가 끝난다는 걸 그제야 알았다. 팔뚝보다 굵은 생선을 지고 이고 고깃배에서 해변으로 걸어 나오는 뱃사람들의 얼굴에 행복이 가득해 보였다.

★ 능귀 해변 새벽 풍경. 왼쪽에 있는 물고기가 얼마나 큰지 오른쪽에 있는 참치가 아주 작아 보인다.
★ 해질 무렵이면 해변은 축구장으로 변한다.

★ 결혼식 피로연 공연

　낮에 해변을 돌아다니는 사람은 거의 호객꾼이었다. 마사이족은 능귀 비치에선 호객꾼으로 먹고산다. 미소와 친절 뒤엔 늘 다른 속셈을 숨긴다. 태양이 기울어지기 시작하면 해변은 축구장으로 변하고, 마실 나온 아녀자들은 옹기종기 모여 수다를 떤다.

　관광객들에게는 고운 산호모래와 쪽빛 바다가 힐링 포인트다. 원주민들에게는 바다가 생업의 터전이고 삶의 현장이다. 돌아오는 길에 싱싱한 참치 한 마리를 샀다. 열심히 땀 흘리는 원주민들을 그냥 지나칠 수가 없었다. 숙소 직원들에게 선물했더니 진심 좋아하는 게 보였다. 나도 기뻤다. 덕분에 다음 날 조식에 참치 스튜를 먹었다. 아프리카 천연 향료를 듬뿍 투입한 스튜 국물이 끝내줬다.

아프리카에서
몸무게가 더 늘었다!

2017년부터 2019년까지 729일간 49개 나라를 유랑했다. 5대양 6 대주에 발도장을 찍었다. 그때는 음식 때문에 많이 힘들었다. 국이나 찌개가 없으면 밥을 못 먹을 정도로 '된장남'이었기에 몇 달씩 밥 구경을 못하면 돌아버릴 것 같았다. 귀국 후 식습관을 바꾸기로 마음먹었다.

나는 어차피 노마드 인생이다. 한식만 고집하면 유목민이 아니라 농경민이나 정착민으로 살아야 한다. 우선 탄수화물 덩어리인 쌀밥을 줄여나갔다. 아침 식사는 샐러드, 빵, 치즈, 우유, 커피 등으로 바꿨다. 점심 식사와 저녁 식사는 쌀밥 대신 잡곡밥으로 바꿨다. 나중에는 잡곡밥도 줄이고 육류나 생선 그리고 채소, 과일과 무가당 빵으로 바꿨다.

원래 고대 이탈리아에서는 쌀이 주식이었다. 지금도 이탈리아 요리에 쌀로 만든 리소토가 남아 있다. 그런데 로마가 점령한 이후부터 경작하는 데 손이 너무 많이 가고 조리하는 데도 시간이 많이 걸린다며 쌀농사를 금지시켰다. 이건 혁명적 사변이었나. 전쟁을 치를 때 쌀보다 밀의 효용성이 높은 건 당연하다.

이탈리아는 황제의 명령이 무서워 억지로 바꿨지만 나는 내 의지와 노력으로 바꿨다. 살면서 나를 변화시킨 유일한 성공 사례다. 나에게 여행은 전쟁에서의 승리만큼 절실했기에 가능했던 것 같다.

생각보다 먹을 만하다

아프리카를 여행한다니 걱정하는 지인들이 많았다. '끼니는 제대로 챙겨 먹고 다녀?'라고 물었다. 나는 아프리카를 여행하면서 살이 빠지기는커녕 몸무게가 늘 정도로 잘 먹고 잘 잤다.

아프리카 사람들은 밀 반죽을 구운 난과 각종 향신료를 넣은 쌀밥(볶음밥) 그리고 빵을 먹는다. 반찬은 주로 콩으로 만든 스튜가 많다. 육류는 닭고기를 주로 먹는다. 소고기, 양고기, 생선 등은 드물게 먹는다. 달걀도 많이 먹는다.

생선을 좋아하지만 아프리카에서는 잘 구운 육류를 자주 먹었다. 생선은 많이 잡히지만 유통과 보관에 문제가 있고 조리법도 달라 뒤탈이 나는 경우를 여러 번 경험했기 때문이다. 과일과 채소는 흔하지만 신선하진 않다.

★ 문어 스튜와 나물, 밥 포함 5,000원. 닭다리에 볶음밥 5,000원
★ 잔지바르 루크만 레스토랑에서 먹은 난과 계란, 과일, 커피 모두 해서 5,000원. 고급 레스토랑에
   서 먹은 치즈버거, 구아바나 주스 13,000원
★ 생선과 샐러드 6,000원. 고급 레스토랑에서 마신 한 병에 3,000원 하는 킬리만자로 맥주

킬리만자로에서
불법 감금을 당하다

꿈꾸기, 상상하기

잔지바르를 떠나 킬리만자로로 왔다. 아무것도 안 하고 그냥 3일을 보냈다. 달콤한 휴식에 빠졌다. 수업 빼먹고 땡땡이치는 기분이었다. 살다 살다 10달러에 아침 식사까지 주는 호텔은 처음이다. 방도 넓고 깔끔하다. 빨래까지 공짜다. 손으로 빨다기에 팁을 넉넉하게 주었다. 내 기분도 세탁된 것 같았다.

내가 최애하는 건 소파가 놓인 아담한 정원이다. 낮에는 사람이 없어서 마음 놓고 소파에 늘어져 아프리카 지도 보기 놀이를 했다. 새끼 고양이 두 마리가 자꾸 놀자고 앵겼지만 사양했다.

"아그야, 내가 한가하게 노는 것처럼 보이지만 알고 보면 바쁜 사람이란다. 꿈꾸기, 상상하기~ 이런 게 얼마나 집중과 에너지를 필요로 하는지 너는 모를 거다."

킬리만자로 관문 도시인 모시(Moshi)에서 국제 버스를 타면 우간

★ 잔지바르에서 타고 온 비행기와 호텔 입구
★ 10달러짜리 방과 조식

다, 르완다, 브룬디, 케냐로 바로 갈 수 있다. 선택의 폭이 넓어지니 갑자기 원래 계획에는 없던 우간다 르완다도 가보고 싶어졌다. '예약한 잠비아행 비행기표 찢어? 말아?' 유쾌 므흣한 상상의 날개를 펼치며 놀았다.

3일 동안 외출은 딱 한 번 했다. 재래시장에 가서 토마토와 잘라 놓은 두리안을 샀다. 각각 250원이다. 쪼잔한 느낌이 들기도 하지만 한두 번에 먹어 치워야 하기에 어쩔 수 없이 소량만 사야 했다. 대신 거금 500원을 들여 플라스틱 통을 사서 바로 먹을 수 있게 썰어 놓은 채소와 과일도 사서 담아 왔다. 우유와 현지인들이 먹는 라면도 샀다. 라면을 시식해보니 꿀맛이다. 모시에서 가장 핫하다는 유니온 커피숍에도 들렀다. 커피 맛은 별로다. 와이파이 잡아서 아프리카 여행 정보 뒤지다 왔다.

5박 6일 등정에 220만 원?

정원에 놓인 소파에 앉아 한가로이 시간을 보내고 있는데, 옆에 있던 호텔 직원과 함께 아침식사를 했던 서양 아가씨가 먼저 말을 걸어왔다.

"오늘 뭐 할 거예요?"

"노 아이디어!"

그녀가 활짝 웃더니 어깨를 으쓱 추어올리며 두 팔을 살짝 들어올리는 제스처를 하면서 "Wow, So Sweet!"이라고 긍정의 멘트를 날려줬다.

그녀는 독일에서 왔는데 현지 대학 연구소에서 6개월 계약으로 일하고 있단다. 매일 널널하게 지내는 내가 궁금했나 보다. 한참 이런저런 대화를 나누다가 그녀가 출근하고 혼자가 되어 놀거리를 찾아 두리번거리다가 테이블 위에 놓인 인포메이션북을 발견했다. 펼쳐 보니 각종 투어 안내가 빼곡했다. 킬리만자로 5박 6일 등정에 220만 원, 2박 3일 트레킹은 58만 원, 당일치기 트레킹은 12만 원.

켁켁켁! 갑자기 사레가 들었다. 오 마이 갓!

현지인 물가와 관광객 물가가 하늘과 땅만큼이나 차이가 난다.

킬리만자로에 올 때는 트레킹을 하고 싶었는데 비용이 너무 비쌌다. 그래도 눈으로만 구경하기에는 아쉬워서 당일치기 트레킹이라도 하기로 했다.

가는 날이 장날이라더니 큰맘 먹고 킬리만자로 당일 트레킹에 나섰는데 비가 주룩주룩 내렸다. 그냥 돌아설 수도 없고… 이왕 비행기타고 먼 길을 왔으니 우중 올레길을 걷는다 생각하고 타박타박 자락길이라도 걷다 오기로 했다. 달라달라(미니버스)를 타고 킬리만자로 입구 마을까지 갔다.

달라달라에서 내려 두리번거리고 있으니 건장한 청년이 다가와 트레킹 가이드를 해주겠다고 딜을 걸어왔다. 트레킹이 불가능한 날씨인데도 자꾸만 할 수 있다고 하면서 달라붙는데 인상도 불량해서 내키지 않았다. 괜찮다고 물리치고 먼저 점심을 먹기 위해 식당을 찾았다. 식사 후 차를 마시면서 비가 좀 잦아들기를 기다렸지만 멈추지 않고 계속 쏟아졌다. 우비를 챙겨 입고 밖으로 나오니 불량한 인상의 그 청년이 다가오면서 추근거렸다. 킬리만자로 등산로 입구까지 가는 택시를 타는데 같이 올라탔다. 뭐임? 하고 물으니 자기도 킬리만자로 간단다. 참 끈질긴 녀석이다. 역시 무시했다.

차에서 내려 약 200미터 정도 걸어 올라가면 매표소와 검표소가 있다. 가는 길에 주차장이 있는데 비 때문에 트레킹을 중단하고 철수하는 사람들이 차에 짐을 올려 싣고 있었다. 매표소에 도착해서 입장료와 가이드 요금을 알아보고 다시 입구 쪽으로 내려오는 길에 휴게소가 있어서 잠시 쉬었다. 마침 현지인 가이드가 있어서 전화번호를

★ 킬리만자로 국립공원 입구. 우비 입고 올라가는 현지인
★ 비가 와서 철수 준비를 하는 가이드와 포터들

받아두었다. 가이드가 없으면 입장 자체가 안 된단다.

　다시 내려오려는데 총을 어깨에 걸쳐 맨 경비원이 나를 불렀다. 위협적인 표정과 몸짓으로 "경내에 들어서면 무조건 입장료를 내야 한다"면서 나를 매표소 쪽으로 데려갔다. 이게 뭔 엉뚱깽뚱한 소리임? 말도 안 된다면서 항의를 하니 다른 경비원까지 불러 나를 이동하지 못하게 감시를 붙였다. 입장료를 내지 않으면 여기서 한 발짝도 움직이지 못한단다.

지랄 쌩쑈를 하세요! 그런다고 쫄 내가 아니란다 아그들아. 매표소 직원에게 확인하니 대답을 제대로 못하고 우물쭈물했다. "경찰이 올 때까지 나는 너희가 가라고 해도 안 간다. 너희들을 공갈 협박과 사기로 고발하겠다"고 세게 나갔다. "너희들도 퇴근하지 말고 나와 함께 있어야 한다. 나는 가진 게 시간밖에 없는 여행자다"라며 나무 의자에 자리 잡고 앉아 빨리 경찰을 부르라고 오히려 진상을 떨고 인터넷 검색을 하며 여유를 부렸다.

한참 있다가 경비 대장으로 보이는 자가 오더니 오늘은 비가 많이 오니 갔다가 내일 다시 올 거냐고 물었다. "Of course"라고 했더니, 특별히 오늘은 보내줄 테니 내일 꼭 다시 오라고 한다. 속이 뻔히 보이는데 염병 블루스를 추는구나. 나는 못 이기는 척 자리에서 일어섰다. 멀리서 나에게 달라붙어 가이드하겠다고 했던 녀석이 숨어서 지켜보고 있는 걸 진작부터 알고 있었다. 동네 친구들끼리 작당해서 나를 골탕먹이려 한 거다.

밖으로 나와서 택시를 타려고 하니 또 그놈이 쪼르르 달려와 자기 친구 차라면서 올라탔다. 뻔뻔하고 질긴 넘이다. 그놈 보기 싫어 나는 내리막길이니 살살 걸어서 갈 거라고 했다. 한참 걸어 내려오는데 그놈이 탄 택시가 옆에 서더니 기본요금만 내고 타란다. 어림 반 푼어치도 없는 소리다. 나는 얼굴도 마주치지 않고 얼른 꺼지라고 손짓을 했다.

중간에 동네가 보이길래 가게에서 음료수를 마시며 잠깐 쉬고 있

★ 킬리만자로 자락길에 있는 동네. 길에서 하교하는 아이들을 만났는데, 처음에는 수줍어하다가 나중에는 춤추고 노래하며 재롱잔치를 벌였다.

는데 금세 사람들이 몰려와 나를 구경했다. 어느 나라 사람이냐? 왜 혼자서 걸어서 내려가냐? 등등 호기심 어린 질문이 쏟아졌다. 사정을 대충 설명했더니 온순하게 생긴 인상 좋은 총각 하나가 나섰다. 자기들이 다니는 킬리만자로 자락길이 있는데 원한다면 안내해주겠단다.

여기까지 와서 그냥 갈 수는 없지. 간식을 사서 배낭에 넣고 따라나섰다. 비와 안개가 조금씩 걷히고 정상의 만년설이 자태를 드러냈다. 어두워지기 직전까지 자락길을 걸었다. 수고비로 10달러를 주었더니 고마워서 어쩔 줄을 몰라 했다. 순진하고 착한 청년이었다.

오래 여행하다 보니 진짜 별의별 꼴을 다 본다. 그래도 좋은 현지인을 만나서 해피엔딩으로 마무리됐으니 불법 감금은 잊어버리고 용서해주기로 했다.

굿바이 킬리만자로, 표범은 흔적도 없더라

탄자니아를 떠나는 나를 붙잡기라도 하려는 듯 비가 주룩주룩 내렸다. 6월 말까지는 우기고, 7월부터 건기가 시작된다. 공항으로 택시를 타고 가면서 조용필의 '킬리만자로'를 듣는데, 가사가 참 현란하다.

나는 하이에나가 아니라 표범이고 싶다 / 산정 높이 올라가 굶어서 얼어 죽는, 눈 덮인 킬리만자로의 그 표범이고 싶다 / 묻지 마라. 왜냐고 왜 그렇게 높은 곳까지 오르려 애쓰는지 묻지를 마라 / 고독한 남자의 불타는 영혼을 아는 이 없으면 또 어떠리 / 구름인가 눈인가 저 높은 곳 킬리만자로 오늘도 나는 가리 킬리만자로 / 산에서 만나는 고독과 악수하며 그대로 산이 된들 또 어떠리.

조용필은 이 노래를 부르고 나서 탄자니아 정부로부터 훈장까지 받았다. 이 노래 덕에 킬리만자로가 크게 홍보되고 한국인 관광객들이 몰려왔기에 그 공로를 인정하고 치하한 것이다.

한국의 중년 남자들이 한잔 술에 취하면 애창하던 곡이다. 가슴속 응어리를 풀어주는 기가 막힌 가사다. 그래서 킬리만자로는 한국 남자들의 로망이고 버킷 리스트가 되었다. 탄자니아의 명소는 세 곳이다. 〈동물의 왕국〉 촬영 무대인 세렝게티, 아프리카 최고봉인 5,895m의 킬리만자로산, 그리고 〈보헤미안 랩소디〉의 주인공 프레디 머큐리의 고향인 잔지바르다.

그런데 유독 킬리만자로에만 한국인들이 많이 몰린다. 탄자니아인들은 동양인을 보면 무조건 '곤니찌와~ 니하오~' 하면서 수작을 건

다. 그런데 오로지 킬리만자로에서만은 '안녕하세요~ 반갑습니다~' 하고 한국말로 인사하는 현지인들을 자주 만난다. 그만큼 한국인들이 많이 온다는 걸 보여준다.

하지만 킬리만자로에는 표범이 없다. 표범이 살 수 없는 기후와 환경이기 때문이다. 지금까지 죽은 표범의 가죽을 발견한 사례만 두 번 있었을 뿐이다. 살아 있는 표범은 세렝게티와 마사이마라에서 포식하며 잘 지내고 있다. 노래 가사가 잘못됐다고 지적질을 하려는 게 아니다. 영화나 소설이나 드라마나 그림 등이 현실과 딱 맞아떨어져야 하는 건 아니다. 상상과 상징과 의미를 담는 문화와 예술에서는 무엇이든 가능하다. 그럼에도 불구하고 내가 킬리만자로에 표범이 없다는 이야기를 하는 이유가 뭘까? 나도 예전에 아주 절절한 심정으로 애창했었는데 말이지. 세월이 흘러 내가 참 많이도 변했다는 걸 말하고 싶어서다. 낭만은 희미해지고 현실적인 인간으로 변했다.

사실 내가 킬리만자로를 찾은 건 헤밍웨이의 소설 《킬리만자로의 눈》을 읽고 나서 그 여운이 너무 강했기 때문이다. 하얀 눈이 덮인 킬리만자로를 바라보며 독에 찔려 죽어가는 한 중년 남자의 회한과 반성이 담겨 있다. 지루한 회상이 이어지고 결국 남자는 살아서 내려온다. 살면서 한 번쯤 절실하게 자신을 반추하는 기회를 가지면 좋겠다는 생각을 했었다.

그래서 폼 나게 킬리만자로를 택했다. 신비한 산을 만나서 오랜 시간을 걸으면서 사유에 빠져보고 싶었다. 그런데 그게 내 마음처럼 되는 게 아니었다. 생각은 깊게 이어지지 못하고 토막이 쳐졌다. 게다가 낭만을 잃어버린 나를 합리화하려는 뻘짓까지 하는 내 모습이

우스웠다. 몸은 피곤하다며 그만 떠나자고 보챈다. 그러게 젊었을 때, 감성이 살았을 때, 몸에 에너지가 넘칠 때 떠나야 하는 거였는데.

그나저나 킬리만자로의 만년설이 보고 싶은 사람은 미루지 말고 서두르는 게 좋겠다. 지구 온난화로 녹아 내림이 빨라지고 있다. 2026년이 되면 다 녹아 없어질 것으로 예측된단다.

우간다에 훅 하고 끌려서 급발권

공항으로 타고 갈 택시가 호텔 앞에 도착하자 비가 말끔하게 그쳤다. 원래 예정했던 잠비아행 비행기표를 찢어버렸다. 어쩌자고 별로 볼 것도 없는 우간다에 훅 하고 끌려서 급발권해버렸다. 갑자기 일정을 바꾸는 바람에 고생도 해프닝도 많았다. 그래도 내가 저지른 짓을 후회하지 않고 만족한다.

탄자니아의 킬리만자로 공항에서 우간다의 엔테베 공항으로 갈 때 사단이 벌어졌다. 탄자니아 항공사 직원 왈 한국인은 사전 비자를 받아야 한다는 거다. 어이가 없었다. 이미 주한 우간다 대사관에 문의해서 도착 비자가 가능한 걸 확인했는데 이게 뭔 소리여? 그새 또 바뀌었나? 항공사 발권 창구 직원에게 확인한 내용을 설명했지만 막무가내다. 동아프리카 비자를 받을 거라고 했지만 이 역시 안 된단다. 동아프리카 비자는 케냐, 우간다, 르완다 3개 나라를 90일간 여행할 수 있는 통합 비자다. 발급 비용은 100달러다. 따로 한 나라만 비자를 받으면 50달러씩이니 경제적으로도 이익인 편리한 제도다.

난 이미 케냐를 거쳐서 왔다. 다른 사람들이 케냐 공항에서 도착 비자를 받는 걸 확인했다. 우간다는 동아프리카 비자를 발급하는 나라다. 그런데 독불장군으로 사전 비자 제도를 시행한다는 게 이상한 거다. 내가 워낙 자신 있게 어필하니 다시 확인해보겠다고 저쪽에 있는 의자로 가서 기다리란다. "좋다! 당신들이 잘못 알아서 생긴 문제에 대해서는 반드시 금전적으로 손해 배상을 해야 한다"고 강하게 못을 박았다.

한참 지나서 매니저가 와서 우간다 아웃 티켓이 있냐고 물었다. 뭔 말인지 감이 왔다. 일정을 바꿔서 다시 짜느라 스카이스캐너에 들어가 많이 검색했었다. 그때 참고하려고 우간다-르완다행 비행기편 스케줄과 요금을 핸드폰에 스캔해놓은 게 생각나 사진을 보여주었다. 장기 배낭여행자들이 가끔 써먹는 가짜 리턴 티켓 같은 거다. 즉 취소 가능한 티켓을 예약했다가 나중에 취소하는 방식이다. 그러나 이 경우는 단지 스캔만 해놓은 터무니없는 엉터리다. 그런데도 매니저는 별말 하지 않고 발권하게 해주었다.

종합해보면 항공사는 최신판 비자 정보를 업데이트하지 않은 채 내게 몇 개월 전 지침을 들이댄 거였다. 하긴 여기서 비행기 타는 한국인이 거의 없으니 확인해서 업데이트할 필요도 없었을 것이다. 그런 자신들의 실수를 인정하지 않고 다시 아웃 티켓을 보자 한 거였다. 그래서 엉터리 티켓 같기는 하지만 대충 넘어가 준 거다. 배낭여행에서 기장 중요한 건 정확한 정보다. 그리고 여유와 자신감과 용기가 필요하다.

우간다의 숨겨진 낙원,
부뇨니 호수

원래는 탄자니아에서 잔지바르와 킬리만자로를 보고 나면 잠비아로 가서 빅토리아폭포를 볼 생각이었다. 비행기표까지 예매했었는데 갑자기 마음이 변해서 우간다와 르완다를 가기로 바꿨다. 인터넷 검색을 하다가 아프리카의 숨겨진 보석이라는 우간다의 부뇨니 호수를 발견하고 꽂혔기 때문이다.

일단 가보기로 했다. 우간다의 수도인 캄팔라에서 며칠을 보내며 구체적인 루트를 짜기 시작했다. 틈틈이 캄팔라 시내를 돌아보았다. 좋게 표현해서 활기가 넘치는 도시고, 나쁘게 표현하면 정신이 나갈 만큼 소란하고 복잡한 데다가 볼거리도 없는 도시라서 오래 머물지 않기로 했다.

우간다 하면 맨 먼저 떠오르는 게 영화 〈엔테베 작전〉이다. 1976년 독일과 팔레스타인 테러범들에게 에어프랑스 여객기가 납치당해 승객 254명이 엔테베 공항에 억류되는 사건이 발생했다. 이스라엘 최정예 특공대가 투입되어 성공적으로 인질들을 구출한 작전을 영화로 만들었다. 영화광인 내가 이 영화를 봤으니 당연히 보고 싶은 흥미가 생길 수밖에 없었다. 우간다가 아프리카의 진주라고 불리는 것도 이해하기 어려워서 궁금했다.

그러나 호기심과 함께 또 다른 우간다의 매력들이 나를 이끌었다. 고릴라 트레킹을 할 수 있는 브윈디 국립공원이 가장 유명했다. 가격을 알아보니 투어 비용이 120만 원 정도란다. 일찌감치 포기했다. 야생 침팬지의 천국인 바레 국립공원도 유명하지만 돈과 시간을 들여서 가볼 만한 정도는 아니었다. 그 밖에도 나무 오르기 사자로 유명한 퀸 엘리자베스 국립공원, 박력이 넘친다는 마틴슨 폭포, 아프리카 최대의 면적을 자랑하는 빅토리아 호수 등이 있었다. 괜찮기는 한데 확 끌리지는 않았다. 결론은 바로 태고의 자연을 그대로 간직하고 있는 숨겨진 명소 부뇨니 호수였다.

진정한 여행자로 거듭나게 해주소서

부뇨니 호수까지 가는 길은 멀고도 험하다. 부뇨니 호수는 캄팔라에서 420km나 떨어져 있다. 밤 8시와 9시 두 차례 출발하는 직통 야간 버스(재규어 버스)를 타면 9시간 걸려 새벽 4~5시에 우간다와 접하고 있는 국경 도시이자 부뇨니 호수로 가는 길목 도시인 카발레에 도착한다. 버스 요금은 15,000원 정도다. 낮에 출발하는 버스를 타면 도로 정체 때문에 12시간은 잡아야 한다. 카발레에서 부뇨니 선착장

★ 재규어 버스는 우간다 캄팔라에서 르완다 키갈리로 가는 국제 버스다. 밤 8시와 9시에 두 차례 출발한다. '프랜드'라는 국제 버스도 있다. 출발 시간과 횟수는 둘 다 같다. 외부는 번듯하지만 내부는 후덜덜한 쌍팔년도 버스다. 낮에 출발하는 버스나 마타투(승합차)도 있지만 상태가 심각하다.

까지는 택시나 '보다보다'라는 오토바이를 이용한다. 여기서 다시 보트를 타고 숙소가 있는 섬으로 들어간다.

나는 버스 대신 택시를 타고 가기로 했다. 공항에서 시내까지 타고 온 택시 기사에게 연락을 했더니 '그냥 버스 타고 가시라~'고 답장이 왔다. 그렇다고 포기할 내가 아니다. 호텔 측에 부탁해서 기사를 포함한 렌터카를 찾아 170달러에 가기로 합의를 봤다. 기사도 듬직 과묵하고 운전도 안전하게 잘했다. 낮 1시에 출발해서 부뇨니 선착장에 밤 11시에 도착했다.

굳이 택시를 타고 가겠다고 생각한 건 나름대로 이유가 있다. 우선은 번거로움을 피하고 여유롭고 편하게 가고 싶어서였다. 또 다른 이유는 우간다의 시골 풍경을 제대로 보고 싶었기 때문이다.

더 중요한 진짜 이유는 우간다의 적도선에 내려서 나만의 적도제를 지내고 싶어서였다. 적도선은 지구를 절반으로 나눈 선으로, 북반구와 남반구로 가른다. 남미의 에콰도르(Equator, 적도라는 뜻이다)에 갔

★ 노란색 줄이 적도선이다.

을 때는 일부러 적도 박물관을 찾아갔었는데, 가이드가 자세한 설명
과 안내를 해주었다. 적도선에 일직선을 그어놓고 눈을 감고 걸어보
라고 하는데, 조금 걷다가 눈을 떠보면 똑바로가 아니라 옆길로 빠져
있었다. 그리고 물을 부었을 때 내려가는 방향이 달라지는 신기한 현
상도 체험했다. 북반구 쪽에서 물을 부으면 오른쪽으로 회전하면서
내려간다. 남반구 쪽은 왼쪽으로 회전하며 내려간다. 딱 0도 선의 중
앙에서 부으면 수직으로 내려간다. 우리나라는 북반구라서 화장실
에서 물을 내리면 물이 오른쪽으로 돌면서 내려간다. 한 번 확인해보
시라.

　그러나 우간다의 적도선은 안내소도 가이드도 체험 시설도 전혀
없다. 달랑 노랑 줄로 적도선을 표시해놓았을 뿐이다. 그래도 에콰도
르에서 적도선을 경험해봤기에 혼자서도 잘 즐겼다.

이곳에서 나 홀로 적도제를 지냈다. 적도제는 배가 항해 중에 적도선을 지날 때 안전과 행운을 기원하는 뱃사람들의 이벤트다. 긴 항해의 무료함을 털어낼 뿐만 아니라 진짜 뱃사람으로 거듭나기 위한 통과의례이기도 하다. 나는 안전한 여행과 행운이 함께하기를 빌었다. 진정한 여행자로 거듭나기를 다짐했다.

그리고 나서 달리고 달려 카발레에 도착하니 깜깜한 오밤중이었다. 카발레에서 부뇨니 선착장까지는 비포장 산길을 넘어가야 한다. 그런데 운전기사가 길을 잘못 들어 불빛 하나 보이지 않는 캄캄한 산길을 1시간 넘게 헤매고 다녔다. 나중에 보니 20분이면 가는 길이었다. 그래도 기사가 끝까지 침착하게 잘 대처를 했다. 숙소에 전화를 걸어 섬으로 들어가는 모터보트를 불러준 덕분에 선착장에서 기다리지 않고 바로 타고 밤 12시 전에 무사히 잘 도착했다. 아프리카의 여행 인프라를 고려해보면 아주 룰루랄라한 여정이었다. 적도제 덕분?

호롱불 켜고 태초의 자연 속으로

부뇨니 호수는 우간다의 서남쪽에 있는 호수로 르완다 국경 부근에 있다. 해발 1,962m, 길이 25km, 폭 7km에 수심이 44m나 되며 29개의 작은 섬들이 자리 잡고 있다. 드물게 원초의 환경을 유지하고 있는 곳이다. 우간다에서 가장 큰 빅토리아 호수는 수질 오염이 심각하지만, 부뇨니 호수는 민물 가재가 잡힐 만큼 여전히 청정 수질을 유지하고 있다. 깊고 맑은 물과 함께 아름다운 풍광이 여행자의 발길

★ 정전에 대비해서 양초는 필수다. 발전기와 소규모 태양광으로 전기를 공급한다. 저녁 시간에만 제한적으로 들어온다. 샤워는 하늘을 보며 해야 제맛이다. 더운물을 요청하면 숯불을 피워 물을 끓인 양동이 하나를 준다.

을 잡는다. 아무 생각 없이 물멍하기 딱 좋은 힐링 스팟이다. 확실한 휴식을 원하는 지친 여행자에게는 낙원이다.

그러나 좋은 점만 있는 게 아니다. 불편한 점이 더 많다. 전기는 밤에만 제한적으로 사용할 수 있다. 화장실도 불편하다. 온수도 나오지 않는다. 샤워를 하려면 리조트 직원에게 미리 이야기해야 한다. 직원이 물동이를 들고 천장에 있는 물탱크로 올라가 부어주면 재빨리 씻는다. 천장이 뻥 뚫려 있어서 푸른 하늘도 보고 반짝이는 별도 보면서 샤워를 한다. 인터넷 사정도 열악하다.

그럼에도 부뇨니 호수는 아프리카 여행지 중 최고의 장소였다. 이곳에서 나흘을 보냈다. 손님이라곤 나밖에 없었으니 나만의 안식처요, 나만의 쉼터였다. 석유 심지에서 그을음과 함께 불빛이 타오르는 호롱불을 켜고 호수를 바라보면서 먹는 저녁 식사의 운치는 뭐라고 말로 표현하기 어렵다.

새벽에 잠에서 깨어 방갈로의 나무 창문을 열면 바로 호수가 펼쳐지고 건너편 섬에 안개가 낮게 내려깔린 신비로운 풍경을 보게 된다. 낮에는 오솔길을 산책하거나 선착장에 앉아 발을 담그고 한가롭게 지나가는 현지인들의 배들을 구경하며 손을 흔들어준다. 마주 손을 흔들며 환하게 웃는 원주민들의 하얀 치아가 햇살에 반짝이는 게 인상적이다. 호수에 비치는 구름과 나무는 바람에 흔들리는 물결을 따라 춤을 춘다. 심심하고 게으르게 지내며 슬로 아일랜드에서 여유로운 에코 라이프를 누렸다.

나만의 여행을 원하는 사람에게 강추하고 싶다. 물론 시간적으로 여유가 있어야만 가능하다. 나는 예약한 비행기표를 변경하며 추가 비용을 냈지만, 기회비용이라고 생각하고 기꺼이 감수했다.

카누 타고 용쓰기

호수 가운데에 있는 섬으로 들어갈 때 모터보트로는 15분, 노를 젓는 카누는 1시간이 걸린다. 모터보트는 빠르고 편하긴 한데 운치가 없다. 그래서 섬에서 나올 땐 일부러 카누를 불렀다. 카누 하면 래프팅이나 조정 경기가 떠오른다. 첨단 소재로 만든 날렵하고 빠른 레저 스포츠용 카누를 생각한다. 하지만 전통 아프리카 카누는 전혀 다르다. 큰 나무를 잘라 가운데를 파내고 양면을 다듬어서 만든, 원시 그대로의 통짜배기 카누다.

아프리카에 왔으니 오리지널 카누를 한번 타보고 싶었다. 하지만 카누를 타고 나가겠다고 했더니 숙소 직원이 의아해하며 진짜 탈 거냐고 되물었다.

★ 부뇨니 호수는 지친 여행자에게 평온을 선사하는 낙원이다.
★ 큰 나무 가운데를 파내 만든 카누. 장이 열린 선착장

어쨌든 카누를 탔는데, 캐리어와 배낭을 실었더니 졸지에 나룻배가 되어버렸다. 함께 저으면 빨리 갈 수 있다며 사공이 나한테도 노를 하나 줬다. "됐네, 이 사람. 팁은 넉넉히 줄 테니 좀 봐주게나. 한 시간 동안 노를 젓는 건 내 체력으로는 감당이 안 되네." 그래도 미안한 마음이 드는 건 어쩔 수 없어 사진 찍다가 틈틈이 운동한다 생각하고 용을 써봤다.

마침 호수 마을에 장이 서는 날이었다. 여러 섬에서 크고 작은 배들이 장터로 향해 달려나갔다. 장터로 가는 사람들은 모두 모터보트를 타고 있었다. 빠르게 지나쳐 가며 나를 신기한 눈초리로 바라봤다. 늘 한산하던 호수가 분주하고 활기가 넘쳤다. 일주일에 두 번 장이 열리는데 그때만 볼 수 있는 풍경이란다. 사람 구경, 풍경 구경, 사진 찍기, 간헐적 노 젓기를 하다 보니 어느새 선착장에 도착했다. 약속대로 팁을 후하게 줬다. 보트맨은 돌아가면서 뒤돌아보고 또 돌아보며 손을 흔들어댔다.

선착장에서 기다리던 택시를 타고 르완다 국경으로 가는 길목에 있는 카발레로 다시 왔다. 모든 게 잘 갖추어진 호텔에 도착하니 완전 딴 세상 같았다. 거울도 있고, 뜨거운 물도 나온다! 무인도에 표류했다가 문명 세계로 나온 로빈슨 크루소도 이런 기분이었을까? 그래도 모든 게 불편했지만 오지 섬에서의 추억은 평생 잊지 못할 것 같다.

택시 타고 국경 넘어
르완다 숙소로 이동

육로로 국경 넘는 그날을 꿈꾸며

우간다의 국경도시 카발레에서 택시를 타고 르완다로 넘어갔다. 택시는 국경 검문소에서 잠시 정차해서 기다리고, 나는 내려서 우간다 출국 스탬프와 르완다 입국 스탬프를 받고 다시 택시를 탔다. 우간다의 카발레 숙소에서 르완다의 수도 키갈리의 숙소까지 110km 거리를 2시간 만에 도착했다. 버스를 타면 최소한 5시간은 걸린다.

그동안 많은 나라를 여행했지만 출발지 호텔에서 택시를 타고 국경을 넘어 목적지 호텔까지 이동한 건 이번이 처음이었다. 물론 도보나 차로 국경을 넘은 건 여러 차례다. 새로운 경험이었다. 버스를 타면 14,000원 정도 하고, 택시는 합승하면 버스 요금이랑 같다. 처음에는 합승하려고 했는데, 한없이 기다려야 할 것 같아서 6만 원 정도 내고 혼자 가는 걸로 바꿨다.

전면 유리창 상단에 'CROSS COUNTRY'라고 적혀 있는 택시가 국

★ 'CROSS COUNTRY'라고 써붙인 국경 통과 택시. 국내는 물론 인접국을 가는 버스들도 키갈리의 냐부고고 버스터미널에 선다. 우간다로 넘어가는 국경 통과 택시도 여기서 탄다.

경을 넘어 두 나라에서 영업을 한다. 육로로 국경을 넘을 때마다 분단 한국의 아픈 현실이 떠올랐다. 언제 우리도 육로를 통해 외국에 나갈 수 있을까 하는 생각을 하며 부러워했다. 한국은 대륙과 연결된 반도 국가지만 육로로 나갈 방법이 전혀 없다. 비행기나 배를 타야 한다. 자동차나 기차를 타고 휴전선을 넘어 개마고원, 백두산을 보고 유라시아 대륙을 횡단하는 날이 내 생전에 빨리 오기를 기원했다.

가성비 좋은 숙소

르완다 국경을 넘을 때 이미그레이션에서 르완다에서 묵을 호텔 예약증이 있어야 한다며 까탈을 피우는 바람에 아고다로 검색해서 즉석에서 하루 묵을 호텔을 예약했다. 그런데 도착하자마자 바로 닷새를 연장했다. 숙소는 르완다의 수도 키갈리의 부촌에 있었다. 야트막한 언덕에 자리 잡고 있어 공기가 맑고 전망이 좋았다. 2층짜리 널

★ 키갈리 부촌 언덕에 있는 숙소. 윗쪽 전면에서 보면 1층이지만 반대편 아래쪽에서 보면 2층이다.

찍한 저택에 방이 5개이고, 거실, 식당, 주방, 세탁장 등 모든 공간이 넉넉했다. 특히 사방으로 마당이 있어서 바람이 잘 통하니 숨통이 트이는 것 같았다. 숙소가 만족스러워 밖에 나가기가 싫을 정도였다. 가성비도 짱이다. 하루 2만 원에 아침 식사 포함이다. 음식을 마음대로 해먹으니 금상첨화다. 긴 여행으로 쌓인 먼지를 털어내고 쉬기 좋은 곳이다.

다만 시내에 가려면 언덕이 많아 걸어가기가 힘들다는 게 단점이다. 하지만 싸고 빠른 모토(오토바이)를 이용하면 아무 문제없다. 요금은 시내까지 700원 정도다. 핸드폰 유심과 데이터를 사러 6km 정도 떨어져 있는 MTN 이동통신사에 가는 데 1,000원, 정반대 방향에 있는 10km도 넘는 DHL 오피스 가는 데 1,800원 정도였다. 유심은 기본 미니멈 팩으로 골라서 일주일 통화 가능 옵션이 6,000원이다.

르완다는
달라도 너무 달랐다

아프리카 같지 않은 도시

우간다에서 르완다로 넘어오니 달라도 너무 많이 달랐다. 수도인 키갈리는 여기가 아프리카가 맞나 싶을 정도로 잘 정돈되어 있고 깔끔하다. 경상북도 크기의 르완다는 산과 언덕의 나라인데, 산에 나무가 많고 푸르다. 꼬불꼬불 언덕길이 많지만 도로가 깔끔하게 포장되어 있고, 가로등이 많다. 건물들이 반듯하고, 거리에 거지나 노숙자가 없다. 국경을 넘을 때 가방을 열어서 비닐류는 모두 압수한다. 마트에서도 종이봉투만 쓴다. 환경에도 신경을 쓰는 것 같다.

우간다와 붙어 있는데도 표준시간이 한 시간 빠르다. 운전석이 좌측에 있어 우측통행을 한다. 안전벨트를 제대로 착용하고, 교통질서를 잘 지킨다. 건널목에는 남은 시간이 숫자로 표시되는 신호등이 있다. 그리고 빨간색 영업용 모토가 서민들의 발 역할을 하는데 기사는 의무적으로 빨간 조끼를 착용한다. 손님도 반드시 헬맷을 착용해야

★ 아프리카는 다 사막인 줄 알았는데, 내가 본 대부분의 아프리카는 온통 초록빛이었다. 사막을 보려면 비싼 돈을 들여서 일부러 찾아가야 한다.

★ 아프리카 다른 나라보다 깨끗한 키갈리 시내버스. 빨간 조끼를 입은 모토 드라이버
★ 자전거 택시 기사는 노란 조끼를 입는다. 뒷자리에 손님을 태우는데 오르막길을 만나면 손님이
  내려서 같이 걸어간다. 훈훈한 모습이다. 시내에 있는 DHL 오피스

한다. 놀랍게도 사거리에서 모든 모토 기사가 좌우를 살피며 방어운
전을 했다. 다른 아프리카 나라에서는 보기 힘든 모습이다. 기본요금
은 700원 정도다. 키갈리 시내 끝에서 끝까지 타도 2,500원 정도로,
모토 요금이 아프리카 어떤 나라보다도 싸다. 바가지도 심하지 않
다. 시내버스 이용료도 250원으로 저렴하다.

생활 물가가 엄청 착하다. 양배추 한 통에 250원, 소고기와 돼지고
기는 1kg에 9,000원 정도다. 그러나 공산품은 비싼 편이다. 라면 한
봉지가 2,500원이다.

중산층의 주거 환경이 좋다. 닭장 같은 아파트에 사는 우리나라보다 널찍한 주택에서 사는 르완다 사람들이 부러웠다. 삶의 질은 여기가 더 낫지 않을까 하는 생각이 들 정도다. 키갈리시 중심지는 마치 싱가포르에 온 듯한 착각을 느낄 정도로 깨끗하다. 르완다어, 프랑스어, 영어를 공용어로 사용한다. 외국인도 소통에 불편함이 없다. 인프라가 상당히 좋다. 르완다는 확실히 다른 아프리카 국가와 다르다. 미래가 있는 나라다. 희망을 보았다.

태극기만 봐도 가슴이 뭉클

갑자기 한국에서 내 위임장이 필요하다는 연락을 받았다. 키갈리에 도착하자마자 인감증명서용 위임장을 발급받기 위해 한국 대사관을 찾아갔다. 바로 직전에 머물렀던 우간다에는 한국 대사관이 없다. 르완다에 있는 대사관에서 겸하고 있다.

대사관 입구에 높이 세워진 태극기가 가장 먼저 눈길을 끌었다. 저절로 발길이 멈춰져 한참 동안 바라보고 서 있었다. 이역만리 아프리카 하늘에 태극기가 휘날리는 걸 보니 가슴이 뭉클했다. 외국에 나가면 누구나 애국자가 된다는 말이 맞는 것 같다. 초등학교 시절 부르던 노래가 저절로 떠올랐다. "태극기가 바람에 펄럭입니다~ 하늘 높이 아름답게 펄럭입니다~" 예전에 줄줄 외웠던 국기에 대한 맹세도 떠올랐다. 나의 조국 대한민국! 나의 운명 대한민국! 사랑한데이~

대사관은 우리나라로 치면 이태원이나 한남동처럼 대사관 밀집 지역에 있다. 하얀색 2층짜리 건물 4개가 균형 있게 자리잡고 있다.

★ 태극기 휘날리는 대사관 건물

대사관과 코이카 직원이 함께 사용한다. 언덕 아래로는 골프장 전경이 펼쳐진다. 으리으리하다. 예전 같으면 좀 비판적인 시각으로 봤을 거다. 지금은 아니다. 높아진 대한민국의 위상에 걸맞은 수준이란 생각이 든다. 그래! 우리도 잘사는 나라가 됐으니 이 정도 뽀대는 내야지~ 내 어깨에도 힘이 잔뜩 들어갔다. 오랜만에 으쓱으쓱 어깨뽕 좀 넣었다.

대사관에 건의합니다!

여행할 때는 가급적 대사관, 경찰서, 병원은 가지 말아야 한다. 그런데 여행을 오래 하다 보니 안 가본 데가 없다. 특히 대사관은 이런저런 일로 많이 갔다. 대사관에 가면 모국어가 통하고 직원들이 친절해서 마치 고향집에 온 것 같은 느낌이 들 정도다. 그리고 한국에서와 마찬가지로 민원서류를 즉시 발급받을 수 있어 참 편리하다.

그런데 민원서류 발급 시스템을 좀 바꿨으면 좋겠다. 일례로 위임장 1통 발급받으려면 4달러를 낸다. 이걸 한국으로 빠르고 정확하게 보내려면 DHL을 이용해야 한다. DHL 오피스로 가기 위해 택시를 타야 하고, 발송비를 내야 한다. 르완다에서 한국으로 보내는 요금은 11만 원 정도다. 일주일쯤 걸린다. 전 세계에 나가 있는 한국인들이 민원서류를 발급받아서 한국으로 보내는 총비용을 계산해보라. 어마어마한 금액이다. 외국 회사에 열심히 돈벌이 시켜주고 있다.

우리나라의 인터넷 인프라는 세계 최고다. 그걸 활용하면 쉽고 간단하게 해결할 수 있을 것이다. '대사관에서 신청하고, 내가 지정한 대리인이 한국의 주민센터에서 수령한다.' 이렇게 하면 돈과 시간을 크게 절약할 수 있지 않을까 하는 생각이 든다.

차라리 에티오피아에서 기부할걸

르완다 하면 제노사이드가 제일 먼저 떠오른다. 1994년 종족 갈등이 폭발하여 불과 3개월 동안 50만~100만 명이 살해된 비극적 사건이다. 인간의 잔혹한 악마적 속성이 적나라하게 표출된 대표적 사례다. 대학살 추모관(제노사이드 메모리얼 뮤지엄)에 가봤는데, 가슴이 먹먹했다. 사진 촬영 금지가 오히려 고마웠다. 현재의 르완다는 30여 년 전의 비극적인 역사를 딛고 빠르게 발전하고 있다.

그다음으로 떠오르는 게 퀭한 눈에 바짝 마른 아이들의 얼굴에 파리가 들러붙어 있는 광고다. 르완다 난민을 돕기 위해 후원금을 모금하는 NGO단체의 홍보물이다. 사실 르완다에 가면 나도 고아들이나 희생자 유족들을 위해 기부를 할 생각이었다. 케냐의 마사이마라와 우간다에서는 초등학교와 고아원에 기부를 했었다. 그런데 르완다에서는 그런 마음이 별로 들지 않았다. 어른이고 아이고 할 것 없이 모두 깔끔하다. 걸인과 노숙자, 꼬마 앵벌이들이 넘치는 에티오피아에 기부를 못하고 온 게 오히려 마음에 걸렸다. 이후 여행지 중에 진짜 힘든 나라를 만나면 꼭 기부하기로 마음을 정했다.

역시 한식은 좋은 거시여!

키갈리에는 사업가, 선교사, 대사관과 코이카 직원 등 교민이 150명 정도 산다. 한국 식품점은 없지만 한국 식당이 4곳이나 있다. 대학살 추모관을 돌아보고 오는 길에 근처에 있는 김치 레스토랑에 갔다. 위치도 시설도 분위기도 다 좋다. 몇 달 만에 한식을 먹으니 무지무지 맛있었다. 제육볶음에 쌀밥에 신김치. 밥 한 톨도 남기지 않고 그릇을 싹싹 비웠다. 모든 메뉴가 우리 돈으로 만 원 정도 한다. 아프리카에서 먹는 한식이니 그 정도 가격이면 괜찮은 편이다.

3

 남아프리카

잠비아, 짐바브웨, 보츠와나, 남아공, 나미비아

루사카 → 리빙스턴 → 카사네 →
가보로네 → 케이프타운 → 다시 가보로네 →
빈트후크, 스바코프문트 → 마운 → 또 가보로네

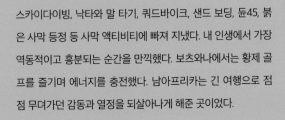

스카이다이빙, 낙타와 말 타기, 쿼드바이크, 샌드 보딩, 듄45, 붉은 사막 등정 등 사막 액티비티에 빠져 지냈다. 내 인생에서 가장 역동적이고 흥분되는 순간을 만끽했다. 보츠와나에서는 황제 골프를 즐기며 에너지를 충전했다. 남아프리카는 긴 여행으로 점점 무뎌가던 감동과 열정을 되살아나게 해준 곳이었다.

여기 아프리카 맞아?
왜 이렇게 추워?

경량 패딩을 꺼내다

은근 정들었던 르완다의 수도 키갈리를 떠나 낯선 잠비아로 가려니 아쉬웠다. 르완다에서 좀더 오래 있고 싶었는데 비행기표를 검색하다가 다른 날보다 거의 2배나 싼 표를 발견하는 바람에 얼른 발권했다. 원래 계획은 탄자니아에 있을 때 킬리만자로에서 다르에스살람으로 가서 며칠 지내다가 잠비아로 가는 것이었다. 그러니까 우간다와 르완다는 예정에 없었던 것이다.

충동적으로 스케줄을 바꾸고 취소하는 바람에 25만 원 정도를 손해 봤다. 버스를 타고 가면 며칠 걸리는 여정인데 2시간 25분 만에 날아갔으니 시간이나 경비 면에서 볼 때 충분히 만족할 만한 결정이었다. 게다가 전혀 생소했던 우간다와 르완다에 가서 친숙해지고 만족했으니 잘한 일이다.

잠비아의 루사카 공항에 내리니 우리나라 가을 날씨 같다. 잠비아

★ 잠비아 루사카 공항에 착륙한 비행기. 멀리 보이는 구름이 예술이다.

는 아프리카지만 해발 1,000m가 넘는 고원지대라 여름에도 시원한 편이고 겨울에는 쌀쌀하다. 공항에 내릴 때는 낮 기온이 19도였는데 저녁에 확인해보니 15도였다. 새벽에는 더 내려갔다. 결국 경량 패딩을 꺼내 입었다. 여기 아프리카 맞아???

그렇지! 여긴 우리와 계절이 반대인 겨울이지. 아프리카 남쪽은 남미나 호주처럼 우리나라와 계절이 정반대다. 아프리카는 항상 더울 거라 생각하는데 오산이다. 사막의 낮과 밤을 체험해본 사람은 금세 이해할 것이다.

루사카 공항에서 시내까지는 25km 정도다. 포장이 잘되어 있고 깨끗하다. 다만 대중교통편이 없어 무조건 택시를 타야 하는 게 문제다. 루사카는 택시비를 비롯해 호텔 요금 등이 비싼 편이다.

미역국 대신 돼지국밥

아프리카 중남부 내륙 국가인 잠비아의 수도 루사카에서 만 70세 생일을 맞았다. 미역국이라도 한 사발 먹어볼까 싶어 딱 한 군데 있는 한국 식당 아리랑에 가보았다. 혹시 미역국이 있을랑가? 메뉴를 보니 미역국은 없다. 눈에 불을 켜고 스캔하다가 돼지국밥에서 눈길이 찌리리 멈췄다. 찐한 국물이 땡기는 거다. 미역국 대신 돼지국밥으로 생일을 자축하며 만족했다.

식당 옆에는 한국 식품점이 붙어 있다. 반가웠다. 딱히 사고 싶은 게 있는 것도 아닌데 괜히 반가워서 이것저것 담았다. 막김치(10,000원), 단무지(6,000원), 고추장(11,500원), 소주(7,600), 꽁치 통조림(7,600원) 등등 해서 총 46,500원 정도를 썼다.

그런데 생각보다 물건이 별로 없었다. 다음 주에나 한국에서 컨테이너가 들어온단다. 얼큰한 한국 라면이 땡기는데 아쉬웠다. 주인 여사장님이 챙겨준 음료수 한 병에서 한국인의 정을 느꼈다. 아프리카에서 30년 넘게 산 고수님이다. 남쪽으로 내려갈수록 안전에 조심해야 한다고 당부하시며, 밤에 차 잡기 힘들다고 직접 택시를 불러주었다.

어슬렁어슬렁 루사카

루사카의 첫인상은 별로였다. 도로와 건물은 깔끔하다. 그런데 물가가 대체로 비싸다. 사람들의 피부색도 더 검고 왠지 무서워 보인다. 바로 전에 있었던 르완다가 너무 좋았기에 자꾸 비교하는 나를

★ 성당에서 미사를 마치고 나오는 가족들의 모습. 아프리카 카페에서 난로를 보니 생경했다.

보고 스스로 놀랐다. 짧은 시간에 르완다에 푹 빠진 모양이다. 새로 전학 가서 낯가림하는 초등학생 같았다.

　루사카는 도시가 너무 혼잡하고 호텔도 마음에 들지 않았다. 며칠 있다가 바로 리빙스턴으로 가서 빅토리아폭포(빅폴)나 봐야겠다고 생각했다. 그런데 어슬렁어슬렁 루사카를 돌아다니며 사람들과 접하다 보니 나도 모르게 정이 들어버렸다. 사람들이 겉보기와는 다르게 착하고 친절하고 순박했다. 원래 호텔에서는 취사를 할 수 없게 되어 있는데 자기들 주방을 쓰라고 내주고 도와주기까지 했다.

　볼거리가 별로 없는 곳이라 생각했던 루사카에서 마음이 열려 일 주일을 보내고 말았다. 시장 좌판에서 우리나라 순대와 똑같은 음식을 팔고 있어 사먹었는데, 그들도 내가 신기한지 구경을 한다. 얼마냐고 물으니 멀리서 온 친구에게는 돈을 받지 않는다고 손사래를 치며 나의 등을 떠민다.

시장과 쇼핑몰, 그리고 커피숍밖에는 갈 곳이 없었지만 어딜 가든지 그냥 편했다. 아프리카는 매력을 숨기고 있는 수줍은 땅이다. 게으르게 어슬렁어슬렁 살아보며 그 예쁨을 발견하는 기쁨을 누렸다.

삐끼 피해 일단 작전상 후퇴

루사카를 떠나 빅토리아폭포가 있는 리빙스턴으로 간다. 426km나 되는 거리를 어떻게 이동할지 잠시 고민에 빠졌다. 그동안 장거리이동은 비행기나 택시를 이용했다. 그러나 가성비와 가심비를 따져보니 여기선 리무진 버스가 최적이라는 결론을 내렸다.

문제는 버스 스케줄이 많기는 하지만 대부분이 벤츠 미니밴이라는 거다. 이걸 타면 9시간 동안 좁은 좌석에 앉아 구겨져서 가야 한다. 그래서 대형 버스를 타기로 했다. 대형 버스는 중간에 자주 쉬기 때문에 미니밴보다 1~2시간 정도 더 걸리지만, 좌석도 넓고 휴식도 자주 하고 차내에 화장실도 있어서 안전이나 쾌적함에서 단연 갑이다. 나같이 급할 게 없는 여행자에게는 최선의 선택이다.

하루 전날, 티켓을 예매하고 차 상태도 직접 확인할 겸 버스터미널로 갔다. 입구에서부터 삐끼들이 진짜 구름같이 밀려들어 끌어당기고 장난이 아니다. 따라가 보면 모두 미니밴이다. 일단 작전상 후퇴를 했다. 근처에서 식사를 하고 다시 가 미리 확인해둔 대형 버스 매표소로 바로 걸어 들어갔다. 삐끼들은 대형 버스는 새벽에 두 번밖에 없다고 천연덕스럽게 거짓말을 했다. 이젠 뻔한 거짓말을 해도 짜증이 나기는커녕 귀엽기까지하다.

★ 드림 라이너 버스. 전날 확인할 때는 파란색이었는데 흰색 버스를 탔다. 차종이 통일되지 않은 것 같다. 가는 중간에 만난 소도시 풍경

매표소에서 확인해보니 샤롬 버스, 파워 툴, 드림 라이너 등 몇 개의 대형 버스가 있었다. 모두가 68인승 2층 버스다. 그중에서 화장실도 깨끗하고 직원이 친절한 드림 라이너의 2층 맨 앞자리를 예약했다.

대형 버스가 310콰차(약 24,000원)인데 미니밴은 310~350콰차(약 25,000~26,500원)였다. 미니밴이 더 비싼 이유는 중간에 휴식 시간 없이 달려 1시간 정도 빨리 가기 때문이다. 안전이나 쾌적함보다는 빠른 걸 선호한다는 얘기다. 이젠 아프리카 사람들도 '빨리빨리'를 좋아하는 것 같다.

아침 9시에 출발할 예정인 버스는 40여 분이나 늦게 시동을 걸었다. 그래도 괜찮다. 여기는 아프리카니까. 장장 10시간의 장거리 버스 여행은 몇 달 만에 처음이다. 마음을 느긋하게 먹었기에 지루하거나 힘들지는 않았다. 그동안 밀린 페이스북 포스팅, 사진 정리, 여행 정보 검색 등을 하고, 리빙스턴 호텔들을 비교 검색해서 예약을

마쳤다.

차창 밖으로 펼쳐지는 평화로운 시골 풍경도 지루함을 덜어주었다. 중간에 미니밴이 정차하면 간식거리를 파는 행상들이 미니밴을 완전 포위한다. 그러나 대형 버스 차내는 접근 금지다. 휴식 시간에는 노점상에서 바나나, 빵, 음료수 등을 사서 점심을 해결했다. 바나나 6송이에 400원이라니 요것도 재미난 경험이다.

리빙스턴에는 어두워진 저녁 7시에 도착했다. 택시를 타고 호텔로 가서 출출한 배를 채우고 비로소 편하게 발을 뻗었다. 버스 안에서 갑자기 고른 호텔인데 생각보다 마음에 들어서 다행이었다.

헬기 타고
빅토리아폭포 내려다보기

리빙스턴의 게으른 여행자

리빙스턴에 온 지 3일째다. 여행자라면 누구나 빅토리아폭포를 보러 간다. 그러나 게을러터진 나는 숙소와 커피숍과 쇼핑몰 그리고 이발소와 시장 등 로컬 플레이스에서 시간을 허송하고 있다. 좋게 말하면 소확행이지만 사실은 빈둥대고 있는 거다. 하지만 기승전 해피엔딩인 걸 어쩌랴.

나! 말이지, 나이아가라~ 이과수~ 게다가 천지연, 천제연, 정방이도 다 만나본 남자야~ 어쩌구 하면서 백수처럼 빈둥대고 있는 자신을 합리화하고 있었다. 특히 묵고 있던 오카방고 롯지의 정원 벤치는 나의 주 서식처였다.

서식처를 떠나기가 싫어서 숙박 기간을 4일 더 연장했다. 근처에 있는 쿠부 카페도 만만한 놀이터다. 이발소 가서 800원짜리 이발과 면도를 하고 기분 전환을 시도했다. 벌초하고 나면 생각이 좀 달라지

★ 오카방고 롯지 정원
★ 쿠부 카페, 800원 내고 이발과 면도를 했다.

길 기대했는데 마찬가지다. 아니 더 확고해진다. 느린 여행, 게으른 여행, 정원 여행, 카페 여행, 로컬 여행, 힐링 여행이 좋다!

잠비아-짐바브웨-다시 잠비아

잠비아의 리빙스턴에서 택시를 타고 국경(여기선 '보다'라고 한다)으로 갔다. 잠비아 이미그레이션에서는 묻지도 따지지도 않고 바로 출국

★ 잠비아와 짐바브웨 국경 다리와 양국 이미그레이션 건물

스탬프를 쾅쾅 찍어주었다. 걸어서 보다 중간 지대를 통과해 철길, 차도, 인도가 함께 있는 다리를 건넜다. 오른쪽으로 웅장한 빅토리아 폭포가 펼쳐진다. 거리가 꽤 멀리 떨어져 있는데도 세찬 물보라가 날려 옷을 흠뻑 적셔준다. 상쾌 상큼하다.

짐바브웨 이미그레이션은 껌 씹어가며 자기들끼리 농담 따먹기

★ 다리 위에 높이가 무려 111m나 되는 번지점프대가 있다.

하다가 할 거 다 하고 흘끗 보더니 스탬프를 눌러준다. 그래도 경직된 표정의 잠비아 이미그레이션보다는 여유와 친절함이 느껴졌다.

아득한 폭포 아래로 돌진

다리 위의 빅토리아폭포 반대쪽에 있는 번지점프대는 세계적으로 유명한 곳이라 사람들이 많았다. 청춘의 심장을 뒤흔드는 천 길 낭떠러지다. 국경을 지나가다 보니 서양 여성 2명이 강하 준비 중이었다. 두려움을 떨치려고 심호흡을 하고 응원하는 일행에게 미소를 보내고 손을 흔드는 모습이 아름다웠다. 두렵지만 설레는 도전과 모험에 박수를 보내주었다.

점프하는 순간, 옆에서 구경하던 나도 숨이 막히고 가슴이 사정없이 방망이질을 해댔다. 침이 마르고 두려우면서도 설렜다. 뛰어내리는 순간 다들 자기도 모르게 사랑하는 사람의 이름을 외친다. 아득하게 보이는 폭포의 물줄기를 향해 무아의 돌진을 한다. 순간의 공포는 오르가슴이다. 짜릿하다. 하얀 정적에 빨려든다. 번지점프는 일생에 단 한 번 피는 화려한 꽃 같았다. 인생은 단 한 번 사는 것. You only live once. 오늘은 빅토리아폭포를 보고 리빙스턴으로 돌아가야 하니 시간이 안 되지만, 다음엔 꼭 번지점프에 도전하겠노라 다짐했다.

잠비아는 왜 이렇게 비싼 거야!

짐바브웨 국경에서 바로 택시를 타고 다운타운으로 갔다. 점심을 먹고 쇼핑몰에 가서 간식거리를 사고 카페에서 차를 마셨다. 짐바브웨 돈은 없지만 신용카드가 통용돼서 불편함 없이 쓸 수 있었다. 잠비아는 카드를 사용하면 수수료가 붙지만 짐바브웨는 따로 수수료를 받지 않는다. 참고로 현지 통화 인출 수수료도 짐바브웨가 싸다. 잠비아는 스탠빅은행 ATM에서 현지 통화를 인출하면 무려 10%의 수수료를 뗀다. 물가도 짐바브웨가 싸다.

원래 잠비아 쪽에서 헬기를 타려고 예약을 했는데, 6달러의 카드 수수료가 추가되고 이틀을 대기해야 한다고 해서 포기했다. 그런데 짐바브웨 여행안내소에서 확인하니 가격도 잠비아보다 훨씬 싸고 비디오 촬영비도 저렴했다. 요럴 땐 나도 동작이 빠르다. 마침 1시간 후에 이륙이라기에 즉석에서 신청해서 바로 탔다. 헬기 기종도 신형

★ 하늘에서 내려다본 빅토리아폭포

★ 헬기 투어

이니 망설일 이유가 없었다.

헬기를 타고 하늘을 날며 짜릿함을 만끽했다. 하늘에서 내려다본 빅토리아폭포는 장엄했다. 가슴이 뻥 뚫리는 듯했다. 길이가 2,574km나 되는 아프리카에서 가장 긴 잠베지강의 물줄기가 한눈에 들어왔다. 30만 원 정도의 비용이 들었지만 나중에 받은 비디오를 보니 참 잘 선택했다는 만족감이 들었다.

★ 잠베지강은 아프리카에서 가장 긴 강이다.

선한 눈빛의 사람들

아프리카 택시 기사들은 호시탐탐 관광객에게 바가지 씌울 기회를 노린다. 그런데 잠비아와 짐바브웨의 국경 중간지대에서 만난 자전거 택시 기사는 달랐다. 정직하고 성실했다. 국경 중간지대는 걷기 좋아하는 내게 적당한 거리였으므로 굳이 자전거 택시를 탈 필요는 없었다. 하지만 그와 몇 마디 나눈 후 마음이 바뀌었다. 그의 선한 눈빛에 끌렸다. 열심히 페달을 밟는 모습이 가슴을 뭉클하게 했다.

팁을 주고 싶은 마음이 저절로 생겼다. 비록 2,500원이지만 힘들게 열심히 사는 그의 생계에 도움이 되리라 생각했다. 언덕길을 오르

★ 자전거 택시 기사

기 전에 자전거 택시를 세웠다. 내려서 함께 걸어 올라가며 그가 가족들과 살아가는 이야기를 들었다. 아름다운 삶이다. 여행에서 우연히 착한 사람들을 만나면 너무나 기쁘다.

공짜로 본 동물의 왕국

신기하게도 짐바브웨 길거리에는 원숭이들이 사람들을 의식하지 않은 채 활보하고 다닌다. 잠비아에서 국경으로 갈 때 코끼리 가족이 찻길 옆에서 풀을 뜯어 먹고 있는 걸 보고 깜짝 놀라기도 했다. 이곳에선 비싼 돈 들여서 사파리할 필요가 없다는 생각까지 들었다. 오고 가면서 공짜로 동물의 왕국을 본 셈이다. 한나절 만에 두 나라에서 알찬 시간을 보냈다. 아침은 서울에서 점심은 평양에서 저녁은 압록 강가에 먹는 꿈을 꾸어본다.

굿바이 리빙스턴,
굿바이 배탈

물갈이를 하는지 며칠째 배가 살살 아팠다. 나름 신경을 많이 써서 생수를 챙겨서 마셨는데 '그분'이 오셨다. 다행히 증세가 못 견딜 정도로 심하지는 않고 불쾌감을 주는 정도였다. 가지고 있던 정장제를 먹어도 소용이 없었다.

나름대로 대응을 했다. 음식을 직접 조리해서 먹기로 했다. 가장 먼저 떠오른 게 흰 쌀죽과 김치와 단무지다. 르완다 키갈리의 한국 식품점에 갔을 때 반가워서 샀었다. 캐리어에 처박아두었는데 이번에 요긴하게 썼다. 참치 통조림과 꽁치 통조림, 고추장도 하나씩 꺼내서 요리해 먹었다. '처음처럼'은 계속 묻어두고. 일단은 기분학상으로 속이 편했다.

★ 흰죽과 김치, 단무지

리빙스턴을 떠나 육로로 보츠와나 국경을 넘는 날이다. 리빙스턴에서 국경 도시 카중굴라까지 택시로 간 뒤 강을 건너면 보츠와나다. 인터넷 검색을 해보니 개인이 도보로 국경을 넘을 때는 출국 도장을 받은 다음에 배로 강을 건너가서 다시 보츠와나 입국 도장을 받아야한다고 되어 있는데, 전혀 달랐다. 예전 이미그레이션에 갔더니 다리 건너 쪽에 최근에 세워진 새 오피스 건물로 가서 입국 도장을 받으라고 했다. 캐리어를 끌고 나와서 택시를 잡아타고 대우건설이 만든 뉴브릿지를 건넜다. 다리를 건너니 두 나라의 이미그레이션 오피스가 나란히 있어서 출입국 수속이 빨리 진행되었다.

국경을 택시 타고 건넜다고 하면 모르는 사람들은 편하고 재미있을 거라 생각한다. 아니다. 바짝 긴장해야 하고 머리 회전 속도를 빨리해야 한다. 재수가 없어 나쁜 운전기사, 나쁜 환전상, 나쁜 공무원 등을 만나면 짜증스럽고 고생스러운 일을 호되게 겪게 된다. 신경을 곤두세워야 하니 꽤나 피곤하다.

특히 경험과 노하우가 부족한 시니어들은 나 홀로 아프리카 배낭여행은 가급적이면 하지 말라고 권하고 싶다. 재수 없으면 멘붕에 빠져 멘탈을 탈탈 털리는 경우가 생길 수 있다. 대신 세미 자유여행 상품을 추천한다. 여행사에서 항공편과 현지 숙소와 이동편을 예약해주고 일정은 자기 입맛대로 짤 수 있다. 특히 아프리카는 정확한 최신 정보를 얻기가 어렵다. 안전과 정신 건강을 위해 방법을 잘 선택하라고 권하고 싶다. 어떤 여행이든 나쁜 여행은 없다.

입국 수속을 마친 후 다시 택시를 타고 보츠와나의 국경 도시인

★ 신청사로 들어가는 게이트. 보츠와나에 입국할 때는 뉴브릿지 건너편에 있는 이미그레이션 오피스로 가야 한다. 강가에서 노는 아기 멧돼지

카사네로 갔다. 배탈이 많이 좋아져서 계속 전진할 수 있게 되어 다행이다. 새로운 시작이 기쁘고 감사하다.

카사네는 쵸베 국립공원 투어와 사파리 투어의 출발지다. 케냐 마사이마라에서 빅 5와 갖가지 동물을 다 보았기에 여기선 생략했다. 그래도 강가에서 노는 아기 멧돼지를 공짜로 봤으니 즐겁다. 그런데 인연이 닿았는지 나중에 나이로비에 갔다가 보츠와나로 다시 돌아올 때 쵸베 국립공원 투어를 하게 되었다.

보츠와나 물가, 너무 비싸네

입국 심사를 마치니 택시 기사가 딜을 걸어왔다. 땡볕에 버스를 기다렸다가 타고 갈 엄두가 나지 않았다. 점심때가 지나 배도 고파져서 바가지인 줄 알면서도 조금 더 주고 택시로 카사네 시내에 있는 호텔까지 왔다. 짐을 방에 던져두고 바로 그 택시를 타고 번화가로 나왔다. 먼 거리는 아니지만 보츠와나 돈이 없으니 택시비를 줄 수가

★ 트럭킹 차량

없었다. 기사에게 사정을 설명하니 괜찮다며 복잡한 길도 마다않고 친절하게 데려다줬다. ATM에서 현지 돈인 풀라를 인출해 택시비를 주고, 마르코 이동통신사에 가 유심을 사서 인터넷을 개통했다.

그런 다음 대형 슈퍼마켓 스파(Spa)에서 장을 봤는데, 주차장에 트럭킹 차량이 여러 대 서 있었다. 힘들게 국경을 넘어와서 그런지, 저걸 타면 국경을 넘거나 사파리하러 이동할 때 얼마나 편할까, 식사와 잠자리까지 다 해결해주니 제대로 돈값을 하는 것 같아 선망의 눈초리로 바라보았다.

보츠와나 물가가 비싸다는 말은 이미 들었지만 예상보다 더 비쌌다. 호텔비도 잠비아에 비해 환경과 시설 수준은 절반인데 가격은 두 배였다. 달랑 이층침대 하나 놓인 좁은 방인데 50달러나 했다. 와이파이가 된다고 비번을 알려주었는데 뜨질 않았다. 데이터 안 샀으면 비록 하루지만 세상과 소통하지 못하고 지낼 뻔했다.

다이아몬드가 쏟아져 나오는
보츠와나에서 몸보신하다

억겁의 인연이 있나 보다

보츠와나의 국경 도시 카사네를 떠나 비행기편으로 보츠와나의 수도인 가보로네로 간다. 육로로 국경을 넘어 카사네에 간 다음 가보로네로 가는 비행기를 타면 2시간 정도 걸린다. 항공료는 20만 원이다. 그런데 희한한 건 잠비아 리빙스턴에서 보츠와나 가보로네로 가는 항공료는 편도 80만 원이나 하는 데다가 경유라서 10시간 이상 걸린다. 도대체 어떤 사람들이 이런 비행기를 타는지 모르겠다. 카사네로 가는 교통비와 하루 숙박비, 식비 등을 모두 합해도 비용이 반 이상 싸다. 검색과 비교 선택의 중요성을 실감했다.

여행을 많이 하거나 오래 하다 보면 감성이 무뎌진다. 좋은 것을 보고 맛난 걸 먹어도 별 감흥이 없다. 호기심, 설렘, 기대감, 감동이 희미해진다. 하지만 오늘 가보로네 공항에 나를 픽업하러 나올 조남연 후배를 만날 생각을 하니 가슴이 뛰었다. 그는 고등학교 후배인데, 그의 형은 나의 군대 후배다. 참 소중한 인연이다. 아프리카 땅에서 만나게 된 것은 억겁의 인연이 아닐 수 없다. 그는 아프리카에서만 26년째 살고 있다. 궁금하지 않을 수가 없다. 호기심이 발동한다. 그가 살아온 이야기를 빨리 듣고 싶다.

잠비아에 있을 때 여러 번 보이스톡으로 통화를 했다. 내가 배가 아프다는 이야기를 듣고 병원에 가서 의사에게 증상을 설명하고 처방전을 받아 약까지 지어놨단다. 식사는 뭘로 준비하면 좋으냐, 혹시 못 먹는 음식이나 싫어하는 음식이 있느냐고 물었다. 여행을 떠난 지 8개월째다. 많은 사람을 만났지만 나는 그저 손님, 이방인, 고객일 뿐이었다. 진심 어린 따뜻한 말을 들으니 마음이 울컥해졌다.

닦고 조이고 기름 쳤으니 다시 출발!

보츠와나에서는 바비큐를 브라이(Braai)라고 한다. 오늘은 정선재 보츠와나 한인회장 집 마당에서 브라이 파티를 했다. 안창살, 소갈비, 양고기를 배 터지게 먹었다. 안주가 좋아 오랜만에 위스키도 한 잔 마셨더니 찌르르 온몸에 알코올 기운이 퍼져나갔다. 고기를 먹은 뒤 고구마를 은박지에 싸서 숯불에 구워 먹었는데 꿀맛이었다.

보츠와나는 다이아몬드와 소고기가 유명하다. 다이아몬드는 채굴한 원석 상태로 전량 영국으로 수출한다. 영국에서 세공을 마친 제품이 전 세계로 팔려나간다. 소고기는 유럽에서 최고의 육질로 사랑을 받는다. 보츠와나에 있는 동안 다이아 반지는 구경도 못했지만 소고기는 실컷 먹었다.

아프리카 남부에 있는 보츠와나는 한국과 계절이 반대라 7월이 겨울이다. 초복날을 맞아 몸보신을 했다. 아프리카 교민들은 몸은 아프리카에 있어도 복달임(복날에 그해의 더위를 물리치는 뜻으로 고기로 국을 끓여 먹는 일)을 빼먹지 않는다고 한다. 오지랖이 넓은 보츠와나 최고의 한식 셰프인 정선재 한인회장이 앞치마를 두르고 직접 나섰다. 장어 소금구이, 토종닭 백숙과 닭죽, 소머리 수육으로 한 상 푸짐하게 차렸다.

아프리카에 먹방 찍으러 온 것 같은 착각마저 들 정도다. 유랑하면서 살이 빠지는 게 아니라 뒤룩뒤룩 찌는 것 같아 살짝 걱정이다. 하지만 긴 여행을 하려면 무조건 잘 먹어야 한다.

가보로네에 있는 정 회장 집에서 매일 한식으로 몸보신하며 여독을 풀었다. 며칠 푹 쉬다 보니 긴장이 풀어져서 몸이 늘어진다. 닦고 조이고 기름을 쳤으니 또다시 노마드의 길을 나서기로 했다. 아프리카 최남단에 있는 남아공으로 출발한다.

추위가 매서운 케이프타운,
내복이 필요해

도착하자마자 테이블 마운틴으로 달려가다

드디어 내 생애 100번째 여행 국가인 남아공에 도착했다. 특별한 순간이기에 일부러 아프리카에서 가장 아름다운 도시 케이프타운을 선택했다. 겨울 추위가 매섭다기에 내복을 찾아 입었다. 아프리카에서 내복이라니! 진짜 아침저녁으로 공기가 차갑다. 낮에도 햇볕이 따스하다가 구름이 끼고 바람이 불면 쌀쌀하다. 항상 보온이 잘되는 겉옷을 준비해야 한다. 그러나 한국인에겐 활동하기 딱 적당한 날씨다.

남아공은 치안이 불안한 나라이기에, 주변 사람들이 걱정을 많이 했다. 나의 안전과 지인들의 염려를 고려해서 남아공은 안심 여행을 하기로 했다. 열흘간의 전 일정 동안 개인 가이드와 차량, 부촌에 있는 요새 같은 숙소를 이용했다.

공항에 내리자마자 남아공에 머무는 열흘간 가이드를 해주기로 한 최 선생 모자와 함께 테이블 마운틴으로 달렸다. 날씨가 좋아야만 운행하는 360도 회전 케이블카를 타고 올라가 멋진 풍광을 누렸다. 대형 케이블카는 탑승 정원이 56명이다. 날씨 복이 있어야만 볼 수 있단 말이 있을 정도니 날씨가 맑으면 무조건 테이블 마운틴부터 보러 가야 한다. 케이프타운은 역시 남아공의 마더시티(Mother city)다웠다. 테이블 마운틴을 중심으로 형성되어 있는데, 테이블 마운틴에서 가까운 곳은 백인 구역이다. 멀어질수록 흑인들이 많이 산다.

테이블 마운틴을 본 다음 워터 프론트로 가서 오션뷰의 분위기가 멋진 레스토랑에서 양고기 스테이크로 점심을 먹고, 워킹 투어를 했다. 그 후 보트 트립으로 하루를 마무리했다. 물개의 환영 세리머니가 인상적이었다. 제법 빡세게 하루를 보냈지만 몸은 오히려 가볍다. 잠자던 노마드의 열정이 되살아났다.

테이블 마운틴을 두 번이나?

나흘째에 다시 테이블 마운틴에 갔다. 지난밤부터 비가 내려 하루 쉬려고 했는데 9시쯤 되자 날씨가 활짝 갰다. 가이드인 최 선생이 전화를 걸어와서 7월 25일부터 테이블 마운틴의 케이블카가 정비에 들어가서 한 달간 운행이 중지되니 한 번 더 타게 빨리 나갈 준비하고 기다리란다. 도착 첫날 구입한 케이블카 티켓은 일 년 내에 다시 사용할 수 있는 다회용이다. 그러니 비싼 탑승권의 본전을 뽑아야 한다는 거다.

남아공도 다른 아프리카와 마찬가지로 현지인과 외국 관광객 간의 각종 입장료가 4배 정도로 크게 차이가 난다. 케이블카의 외국

★ 360도 회전 케이블카를 이용하면 테이블 마운틴의 절경이 눈앞에 펼쳐진다.

인 관광객 요금은 1회용은 450랜드(34,500원), 1년 다회용은 950랜드
(69,000원)다. 얼떨결에 남들은 한 번 가보기도 쉽지 않은 테이블 마운
틴을 두 번씩이나 올라갔다. 정상에서 내려다보면 바다와 산과 시내
의 전경이 파노라마처럼 한눈에 들어온다. 풍경을 바라보고 있노라
면 케이프타운은 전혀 위험하지 않은 아름답고 평화로운 도시처럼
보인다.

　테이블 마운틴에서 내려와 연인들의 야간 데이트 명소인 시그널

★ 테이블 마운틴 정상에서 내려다본 시내 전경

힐에 갔다. 그리고 우리나라 해운대랑 비슷한 해수욕장과 고급 호텔들이 들어서 있는 캠프스 베이와 씨 포인트를 돌아보았다. 겨울철 비시즌이라 인적이 드물어서 약간 썰렁했지만 한적하고 멋진 풍광을 여유 있게 감상할 수 있어서 좋았다. 월드컵 경기장이 있는 그린 포인트를 돌아보고 코리안 마트에 들러서 햇반을 몇 개 샀다. 한국인 손님은 없고 현지인들로 북적북적했다. 한류 열풍을 실감했다.

케이프타운의 핫플레이스, 워터 프론트

워터 프론트는 영국인들이 남아공에 세운 최초의 항구다. 정식 이름은 Victoria & Alfredo Waterfront다. 1860년 빅토리아 여왕의 2남인 알프레도의 주도로 건설되었다. 지금은 케이프타운의 랜드마크이자 핫플레이스다. 400여 개가 넘는 수비니어 가게, 레스토랑, 놀이시설, 노천카페가 밀집해 있다. 아프리카가 아니라 유럽의 작은 항구도시에 온 것 같은 착각이 들었다. 그러나 버스킹 선율에서 비로소여기가 아프리카라는 걸 깨닫는다. 스트리트 밴드의 아프리칸 뮤직이 울려 퍼지고 레게, 재즈를 연주하는 뿔피리와 드럼의 강렬한 리듬이 발길을 잡아끈다.

보트를 타고 대서양으로 나가 물개들이 자유롭게 헤엄치며 놀고 있는 부표를 돌아서 왔다. 예수의 제자인 12사도 형상을 한 드웰브 아파슬(Twelve Aposles, 12사도봉)이 병풍처럼 둘러싸고 있다. 거리에는 화려한 색깔의 꼬마 기차가 달리고, 시간마다 작은 다리가 올라가

★ 빨간 시계탑과 노벨평화상 수상자 동상이 있는 곳은 워터 프론트의 명소다.

★ 캠프스 베이 풍경. 12사도봉이 병풍처럼 펼쳐져 있다.

면서 빨간 시계탑이 종소리를 울린다. 갈매기가 하늘로 솟구쳐 오른다. 마치 동화 속에 있는 듯했다.

넬슨 만델라가 갇혔던 로벤섬으로 가는 여객선이 호기심 많은 관광객들을 태우고 출항의 뱃고동을 울렸다. 인종차별법 폐지와 흑인들의 인권을 위해 노력한 넬슨 만델라를 위시한 4명의 노벨평화상 수상자의 동상이 눈길을 끌었다.

★ 칼크베이에 있는 로컬 어시장과 케이프타운 옛 시청 주변의 그린마켓 광장

대서양과 마주한 분위기 좋은 노천카페에서 식사를 하고 진한 블랙커피를 마시며 아름다운 풍경 속에 풍덩 빠졌다. 아프리카와 유럽의 감성이 믹스된 워터 프런트에서 내 생애 100번째 나라 여행을 자축했다.

볼거리가 넘쳐나는 케이프타운

남아공은 와인이 유명하다. 가이드인 최 선생이 "케이프타운에 왔으면 꼭 포도와 올리브 농장을 구경하고 와인을 시음해봐야 한다. 빼먹으면 두고두고 후회하게 될 것이다"라며 와이너리 팜을 강력 추천했다. 나는 체질상 포도주와 맞지 않는다. 그렇지만 안 해 보고 아쉬워하기보다는 일단 해보고 후회하기로 했다.

토카라 와이너리 팜은 산 하나가 모두 포도와 올리브 밭이다. 여러 메뉴 중에서 화이트와인과 레드와인 두 가지를 골라서 시음했다.

★ 물개로 유명한 후트 베이
★ 스텔렌보시 마을과 토카라 와이너리 팜

와인과 잘 어울리는 시큼 새콤한 올리브 안주도 주문했다. 나는 탁하고 강한 맛이 나는 레드와인보다 부드러운 화이트와인이 더 나은 것 같았다. 한 잔 마시고 나니 역시나 속이 후끈후끈해지더니 배가 살살 아파온다. 예전에 비행기에서 주는 와인을 공짜라고 좋아하며 홀짝홀짝 종류별로 시켜서 마셨다가 심한 복통에 식은땀까지 흘리다 나중엔 토하기까지 했던 트라우마가 스멀스멀 되살아났다. 남아공 와인은 250년 이상의 역사와 전통을 자랑한다. 하지만 내 배 속은 와인

★ 라이언스 헤드

을 거부하니 어쩔 수가 없다. 저녁 식사로 삼겹살을 먹으니 속이 편해졌다.

토카라 와이너리 가는 길에 케이프타운에서 가까운 스텔렌보시(Stellenbosch)에 먼저 들렀다. 스텔렌보시는 영국인에게 밀려난 네덜란드인과 프랑스인들이 모여 살던 예쁜 동네다. 한적하고 평화로운 분위기가 너무 마음에 들어서 차를 세우고 걸어서 구석구석을 돌아보았다. 하얀색 톤의 건물들과 노천카페의 여유 있는 풍경이 마음에 들었다. 설렘을 불러일으키는 올드타운이다.

더 팻 부처스(The Fat Butchers)라는 유명한 스테이크 레스토랑에서 점심을 먹었다. 이곳 스테이크는 품위가 있다. 특히 잘생긴 종업원들의 세련되고 친절한 서빙이 만족감을 더해주었다. 즉흥적으로 들른 예정에 없던 도시였지만 기쁨을 주었다. 노천카페에서 차를 마시며 따뜻한 햇살을 누렸다. 나는 소문난 토카라 와이너리보다 덜 알려진 작은 옛날 도시 스텔렌보시가 더 마음에 들었다.

이 밖에도 케이프타운은 크기에 비해 볼거리가 많은 도시였다. 시내에서 좋았던 곳은 재래시장, 테이블 마운틴 바로 아래에 있는 식물원과 라이언스 헤드, 케이프타운 대학의 고풍스런 캠퍼스 등이다. 시내에서 멀지 않은 볼더스 비치에는 펭귄 공원이 있어 해변에서 뒤뚱거리며 노는 모습을 가까이서 볼 수 있다. 남미에서 보았던 펭귄에 비해서 크기가 작고 숫자도 적었지만 훨씬 귀여웠다.

실 아일랜드(Seal Island)의 물개떼도 볼만하다. 유람선을 타고 한참을 바다로 나가야 한다. 두 개의 암초섬에 살면서 거친 파도가 덮치

★ 돗자리 가지고 가서 낮잠 한숨 자고 온 커스텐보시 식물원
★ 펭귄 서식지 볼더스 비치

는데도 여유롭게 쉬고 바다로 뛰어들어 먹이를 찾는 물개들은 야생의 생명력을 보여준다. 바다 풍광과 해산물 요리가 일품인 허머너스(Hermanus), 해군 기지와 작은 어시장이 있는 전형적인 시골 부둣가 마을 칼크 베이(Kalk Bay) 등도 기억에 남는다.

조심, 또 조심하자

코로나로 인해 남아공의 경제가 더 곤두박질치면서 강도 사건이 급증하고 있다. 최 선생 집에 저녁 식사 초대를 받아서 갔다가 선교사 한 분을 만났다. 선교하러 흑인 구역을 방문했는데 총을 맞아 지금도 팔 한쪽을 쓰지 못한단다. 그런데도 선교 활동을 계속하고 있다니 대단하다.

현지에 살고 있는 교민들 중에 강도 사건을 당하지 않은 사람이 거의 없을 정도다. 최 선생도 아들을 학교에 데려다주고 오다가 백주에 칼을 들이대는 강도를 만나 지갑을 털렸다고 한다. 요하네스버그와 케이프타운에서 선교팀이 한국 식당에서 점심을 먹고 있는데 강도들이 들이닥쳐 총을 들고 위협해 가방, 지갑, 주머니를 다 털어간 사건도 있었다. 어떤 교민은 케이프타운에 집을 구해 이사한 첫날, 가구와 가전제품 일체를 모두 신품으로 구입해 들여놓고 잠이 들었는데 아침에 일어나 보니 집이 텅텅 비어 있더란다.

시내에서 교외로 나가는 도로 양옆에 높은 철조망과 담장이 쳐져 있었다. 이유를 물었더니 빈민촌 사람들이 도로를 막고 강도질하는 사건이 빈발해 사고 예방을 위해 설치한 것이란다. 도로 위를 가로지

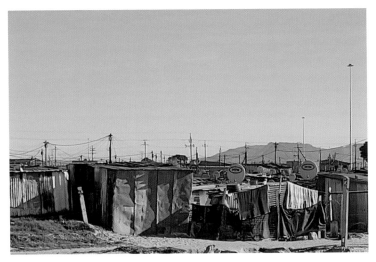

케이프타운 흑인 구역

르는 육교에도 높은 철망이 쳐져 있었다. 강도들이 육교 위에서 달리는 차량 유리창을 향해 달걀을 던진 뒤, 앞이 안 보여 차가 길가에 멈추면 숨어 있던 일당들이 나타나 지갑을 털어가는 사건이 자주 있었기 때문이란다.

그 밖에도 내가 들은 사건 사고는 수도 없이 많다. 얼마 전에 교포 분과 통화를 했는데 최근에는 강도 사건이 더 자주 발생해서 치안이 아주 불안하단다. 이제는 흑인 지역이 점점 확대되어 도심의 백인 거주 지역에 거의 바짝 붙을 정도다. 백인 부자 동네는 CCTV가 많이 설치되어 있고 순찰도 자주 돌고 가로등도 환하게 밝아서 그나마 안전한 편이다. 그래도 밤늦은 시간에 걸어서 다니면 위험하긴 마찬가지다. 남아공에 여행을 간다면 무엇보다도 안전에 각별히 유의해서 계획을 세우고 행동을 조심해야 한다.

희망봉?
절망봉?

―――――――― **희망봉이 세계적인 주목을 받는 진짜 이유**

케이프타운에서 48km 남쪽에 있는 희망봉에 갔다. 유럽인들에게는 희망봉(Cape of Good Point)이지만 아프리카인들에게는 불행이 시작된 절망봉이다. 최초의 이름은 '폭풍곶'이었다. 포르투갈의 항해사 디아스가 폭풍에 시달리다가 바다가 잔잔해지는 아프리카의 서남단 곶에 도달해서 붙인 이름이다. 그 후 바스코 다가마가 인도 항로를 개척하면서 '희망곶(Cape of Good Hope)'으로 바뀌었다.

희망봉의 높이는 불과 30~40m에 불과하다. 근처의 가장 높은 봉우리인 케이프 포인트(Cape Point)의 높이도 등대를 포함해서 200m 정도다. 높은 봉이 아니라 바다를 향해 불쑥 튀어온 곳이 맞다. 진짜 아프리카의 최남단은 희망봉에서 150km 남쪽에 있는 아굴라스 곶(Cape Agulhas)이다. '바늘'이라는 뜻이다.

시간적 여유가 있는 자유로운 여행자라면 하루 이틀 머물면서 순

★ 희망봉. 인도양과 대서양이 만나는 바다

수 자연을 즐길 수 있는 곳이다. 40여km의 해안선을 따라 하이킹이나 트레킹을 하기 딱 좋다. 케이프 반도 국립공원으로 지정되어 있다. 1,100종의 식물과 250종의 새들 그리고 수많은 동물이 서식하고 있다.

희망봉은 별로 특별한 볼거리가 없음에도 케이프타운에 가면 표식 팻말 앞에서 꼭 인증샷을 찍는 명소로 유명하다. 멋진 풍광은 근처에 있는 200m 높이의 케이프 포인트에 올라가야만 볼 수 있다. 전면으로는 인도양과 대서양이 합쳐지는 탁 트인 바다가 내려다보이고 뒤로는 산들이 병풍처럼 둘러싸고 있어 절경을 연출한다. 정상에 있는 등대에 가면 희망봉이 바로 눈 아래에 보인다. 대부분의 사람들은 올라갈 때는 푸니쿨라(산악기차)를 타지만 내려올 때는 천천히 걸으면서 멋진 경치를 감상한다. '어디가 바다고 어디가 하늘인가~' 노래가 떠오른다. 탁 트인 호쾌한 바다와 파도를 보면서 왠지 답답했던 가슴이 비로소 시원해진다.

케이프타운의 가성비 갑 숙소

케이프타운은 유럽의 소도시와 하와이를 섞어놓은 분위기다. 다만 치안이 매우 나빠서 안전 때문에 숙소비가 비싼 편이다. 한국인 게스트하우스는 하루에 10만~20만 원을 받는다. 하루 두 끼 한식을 주고 여행 정보도 얻을 수 있긴 하지만 비싸다.

장기 배낭여행자에게는 부담이 커서 이리저리 알아보다가 가이드를 해준 최 선생을 통해 고급 주택가인 킬데어(Kildare) 지역에 있는 트레버 마하라 게스트하우스(Trevor Maharage Guest House)를 소개받았다. 인도계 주인장 내외의 환대와 친절은 역대급이었다. 결론부터 얘기하자면 9박 10일 동안 대만족하며 지냈다.

백인 거주 지역이라 안전하다. 자동 철대문과 중간 셔터문을 통과해야 하고 다시 2개의 수동문을 거쳐서 방으로 들어간다. 조리 시설과 주방 기구 세트가 완비되어 있고, 거실과 침실과 발코니가 분리되어 있고 작은 단독 마당이 있는 독립형 별채다. 주인이 차를 9대나 가지고 있는 카 마니아라서 차를 렌트할 수도 있다. 여행 정보도 쉽게 얻을 수 있다. 야간에 외출할 일이 있으면 주인인 트레버가 기꺼이 픽업과 드롭을 해준다.

내가 여행을 제법 다녔지만 숙소를 이렇게 자신 있게 소개한 건 처음이다. 너무 좋았기 때문이다. 9박을 묵었기에 장기 투숙 할인에다 숙소 예약 사이트 수수료가 없는 탓에 할인을 많이 받았다. 혹시 가게 되면 '코리안 미스터 안' 또는 '제임스' 소개로 왔다고 얘기하기 바란다. 스페셜 디스카운트를 해주겠다는 다짐을 확실하게 받아두었다. 케이프타운 여행을 계획하고 있는 자유 배낭여행자에게 강추

★ 치안이 철저한 출입문. 게스트하우스 주인장
★ 숙소 수영장과 발코니가 딸린 방. 숙소 근처 공원

한다. 인근에는 테이블 마운틴 자락에 자리 잡고 있는 뉴랜드 포레스트(Newland Forest)라는 큰 공원이 있다. 조깅하는 사람과 산책하는 사람들이 늘 많다. 주변에 캐번디시라는 대형 종합쇼핑몰이 있고, 분위기 좋은 레스토랑과 카페가 많다.

우연과 인연이 겹친 만남

케이프타운에서, 30여 년 전에 옆 사무실에서 근무했던 유재풍 변호사 내외를 만났다. 기막힌 우연이다. 퇴직하고 나서는 한 번도 만나지 못했지만 페이스북을 통해 서로의 근황은 알고 있었다. 그는 여름 휴가를 이용해 모잠비크에 있는 후원 교회를 방문하러 가는 길에 케이프타운을 들러 여행하는 중이었다.

페이스북 덕분에 이집트와 케냐와 보츠와나와 남아공에서 전혀 예상하지도 못한 해후를 경험했다. 지구 반대편 땅에서 우연히 만나는 건 놀라운 인연이 아닐 수 없다. 저녁 식사를 하며 이야기꽃을 피웠다. 멀고 먼 아프리카에서 우연과 인연이 겹친 만남의 시간을 갖다니 참 신기하다.

희수를 아프리카에서 보내다니, 복이 터졌네

남아공은 치안이 엄청 불안해 평소의 여행 예산보다 훨씬 초과해서 지출했다. 열흘간의 여행에 250만 원을 넘게 썼다. 새가슴 유랑자에게는 어마어마한 금액이다. 그러나 속이 쓰리지는 않았다. 그럴 만한 가치가 충분히 있으니까. 제대로 누리고 대접받았으니까. 후회 없이 즐겼으니까. 오히려 쪼끔 더 지를 걸 하는 아쉬움마저 들었다. 물론 나머지 여행에서는 손가락 빨며 지내야 하겠지만, 인생이 뭐 별거 있나? 오늘 그리고 여기서 만족하면 되는 거지. 얼마 되지도 않는 돈 다 쓰고 죽는 게 현명한 삶 아니겠어! 주머니에 돈 남긴다고 죽을 때 싸 들고 가는 것도 아니니까.

70세는 희한하게 드물게 오래 살았다고 '희수' 또는 '고희'라고 한다. 희수를 아프리카에 보내다니 복이 터졌다. 감사하다. 희수의 나이에 홀로 아프리카를 여행하고 있는 나를 칭찬했다.

멧돼지, 원숭이와 함께
골프 쳐보신 분?

탄탄한 허벅지가 말이고 낙타다

열흘간의 케이프타운 여행을 마치고 다시 베이스캠프인 보츠와나 가보로네로 돌아왔다. 가보로네에서 한 달 정도 더 지내다가 나미비아로 갈 생각이다. 보츠와나는 볼거리가 별로 없지만 좋은 사람들이 살고 있어서 편하다. 특히 나의 최애하는 후배 조남연은 26년을 아프리카에서만 근무했다. 그러다 보니 정서가 21세기가 아니라 20세기에 멈춰져 있다. 한국에서는 나이 들면 개털 취급받는데 여기선 나이든 나를 황송하게도 거의 아프리카의 추장급으로 예우해주었다.

이곳은 골프 치기에 딱 좋다. 골프장이 내가 묵고 있는 곳에서 5분 거리다. 1년에 120만 원이면 무제한 라운딩을 할 수 있다. 비회원은 18홀 도는 데 25,000원, 9홀에 18,000원이다. 혼자서 플레이하는 것도 가능하다. 황제 골프다. 캐디도 필요 없다. 본인이 직접 카트를 끌면 된다. 걷기에 최적이다. 멧돼지, 원숭이, 몽구스, 새들이 갤러리로

★ 골프장에서 놀고 있는 멧돼지와 원숭이, 얼룩말 등 야생 동물들

따라나선다. 아프리카스러운 풍경이다. 추장의 라운딩을 구경하려
는 녀석들이 기특하다. 동물의 왕국에 왔으니 골프도 동물들이랑 즐
김이 마땅하다.

그리고 800미터 트랙의 운동장이 숙소 바로 옆에 있다. 하루에 두
번씩 걸을 수 있다. 밤에도 환하게 불이 켜져 있어 안전하다. 다만 맨
흙 위를 걷는다. 바람 부는 날은 흙먼지가 장난 아니게 날린다. 그래
도 콘크리트나 우레탄 트랙보다는 훨씬 낫다. 잘 먹고 잘 쉬고 운동하
면서 더 건강해진 몸을 만들어 만리장정을 계속하려고 한다. 노마드
에게는 탄탄한 허벅지가 말이고 낙타다. 그래서 틈만 나면 걸었다.

거참, 에피소드도 참 아프리카스럽네

정선재 한인회장 집에서 샤브샤브 파티가 열렸다. 보츠와나 신입
인 여덟 살 화랑이네 가족을 환영하는 자리다. 화랑이는 엄마와 함께
석 달 전에 가보로네로 왔다. 화랑이 외할아버지가 30여 년 전에 이
곳 건설 현장에서 근무했던 인연이 있는 땅이다. 화랑이는 오자마자
이곳 초등학교 1학년에 입학했다. 3년 동안 살아보겠단다. 호주, 중
국, 이스라엘 등지에서도 3개월씩 살았다고 한다. 확실히 다르게 사
는 신세대다.

처음에 화랑이 엄마가 어린 아들 손 붙잡고 나타났을 때 모두가
의아했단다. 무슨 말 못할 사연이 있을 거라고 생각해 놀라기도 하고
일부는 수상한 눈초리로 바라보기도 했다. 그런데 알고 보니 화랑이
엄마는 대한민국 최고의 명문 대학을 졸업한 수재인데다 스마트 시

티 프로젝트의 핵심 업무를 맡아 일한 어마어마한 고액 연봉자였다.

화랑이 아빠는 한국에서 일하고 있는데, 일주일간 휴가를 내서 가족을 만나러 왔다. 7년 만의 첫 휴가란다. 몸이 부숴져라 일하는 대한민국 중년들의 자화상을 보는 듯했다.

부부가 상봉하는 과정도 드라마틱했다. 이야기를 들으며 배꼽을 잡았다. 화랑이 아빠가 가보로네가 아닌 중간 기착지인 짐바브웨의 리빙스턴 공항에서 잘못 내렸단다. 자다가 깨서 얼떨결에 빅토리아 폭포를 보러 우르르 내리는 외국인들을 뒤따라 내린 것이었다. 얼마나 황당했을까?

화랑이 엄마에게 연락해서 육로의 중간 지점에서 만나기로 했다. 택시를 갈아타가며 국경을 넘어왔는데 택시가 그만 코끼리 엉덩이를 들이받아 크게 부숴져버렸다. 한참을 길에서 기다렸다가 다른 택시를 불러서 갈아타고 힘겹게 이산가족이 상봉했다. 택시비만 60만 원을 썼지만 덕분에 길에서 사자도 보고 코끼리도 구경했으니 사파리 투어한 셈이라 생각하니 아깝지 않더란다. 택시가 코끼리에 받혀 부숴졌다는 에피소드도 참 아프리카스럽다. 정말 소설 같은 리얼이다.

외국에 살면서 한국 사람들끼리 반목하는 걸 많이 봤다. 새로온 한국 사람을 등쳐 먹는 경우도 많다. 비자, 퍼밋, 차량과 주택, 자녀 입학 등을 도와준다며 고액의 수수료를 받는 건 그래도 양반이다. 거금을 사기 쳐서 뜯어내는 악덕배들도 있다. 오죽하면 외국에 나오면 한국 사람을 조심하라는 말까지 생겼을까. 하지만 여기는 모두가 발 벗고 나서 새로 온 사람을 돕는다. 참 훈훈하다. 밤늦게까지 웃음꽃

★ 정선재 한인회장 부부와 교민들. 조남연 후배 부부
★ 보츠와나 교민 골프 토너먼트 뒷풀이에 가 고기를 축내고 왔다. 하도 소고기를 많이 먹어서 풀 뜯던 소들이 나만 보면 째려보는 것 같았다. 뱃살 찌는 소리가 다시 들렸다.

을 피웠다. 아프리카에서 먹는 샤브샤브도 특별하고 맛있었지만, 자기만의 방식으로 사는 성실하고 멋진 사람들을 만난 게 너무 좋았다.

꿈결처럼 흘러간 코프리카의 봄날

보츠와나에서 꿀 빨며 지내다 보니 어느덧 계절이 겨울에서 봄으로 바뀌었다(우리나라와는 계절이 정반대다). 케이프타운에 열흘 다녀온 거 빼면 41일을 별로 볼 것도 없는 가보로네 블랙홀에 빠져서 보냈다.

도둑의 도심을 도둑 맞듯이 여행자의 여심을 도둑 맞은 것 같다. 시간이 바람처럼 꿈결처럼 흘러갔다.

장기간의 여행으로 쌓인 여독을 풀며 휴식과 충전의 시간을 보내는 거라고 합리화하다가 문득 '내가 지금 뭔 짓을 하고 있는 거지?'라는 생각이 들었다. 오래전 기억은 제쳐두고 지난 한 주일만 되돌아봤다. 일주일 동안 황제 골프 다섯번, 등산과 외식, 집 초대 만찬 세 번.

진짜 도낏자루 썩는 줄 모르고 아프리카가 아니라 코프리카 (Kofrica)에서 살았다는 생각이 들었다. 여행은 잊어버리고 먹방 찍고 있었다. 말에게 싱싱한 풀을 배불리 먹이듯, 보츠와나에서 '먹여(처묵 처묵 여행)'하며 단백질을 보충하고 있었다. '복 있는 놈은 절에 가서도 고기를 얻어 먹는다'는 옛말이 떠올랐다. 내가 돈 복은 없어도 사람 복은 있구나. 다이아몬드가 쏟아져 나오는 보석의 땅, 보츠와나의 수도 가보로네에 터 잡고 호사를 누렸다.

기약이 없는 유랑인지라 휴식과 충전이 필요한 적절한 타이밍에 최고의 쉼터에서 머물렀다. 잘 먹고 잘 쉬니 그야말로 안식처다. 그저 그저 감사하다. 맛있는 음식과 더불어, 보츠와나와 주변국에 대한 유익한 정보도 알려주고, 자상하게 챙겨준 정선재 한인회장 부부와 조남연 후배 부부에게 진심으로 감사한 마음을 전한다.

낯선 곳이 익숙해지면
떠나야 할 시간이다

─────────── **화려한 옷을 입고 춤을 추는 아프리카 장례식**

카톡 부고장을 받았다. 둘째 형이다. 오랫동안 치매로 요양병원에 입원해 있었다. 혼자 살면서 독하게 열심히 일해서 돈을 모았다. 70이 넘으면서 이상한 언행을 하기 시작했다. 돈 벌더니 사람이 변했다고 생각했다. 치매라는 생각은 전혀 못했다. 입원하고 나서 면회를 갔었다. 사람은 알아보는데 엉뚱한 소리를 했다. 가슴이 먹먹했다. 혼자 살면서 우울증을 겪는다고 했을 때 챙겼어야 하는 건데 하는 아쉬움이 컸다.

아프리카를 유랑하고 있어서 달려갈 수도 없었다. 딸 둘이 나를 대신해서 문상을 다녀오겠다고 했다. 나는 머나먼 아프리카 땅에서 마음으로만 명복을 빌 뿐이었다.

형의 죽음을 보면서 나를 되돌아보게 되었다. 나의 생명이 다하는 날도 생각해보았다. 가족력이 있으니 은근 걱정이 들기도 한다. 하지만 괜찮다. 지금 죽는다 해도 별로 아쉬울 게 없다. 지금처럼 그냥 긍정의 마인드로 주어진 날들에 감사하며 살면 그만이다. '카르페 디엠!'을 외쳐본다. 어차피 인생 소풍이 끝나면 훌훌 털고 떠나야 한다. 나 떠나면 가족들이 울고불고 슬퍼하지 말았으면 좋겠다. 행복하게 잘 살다 갔다고 덕담하며 작별하면 좋겠다.

아프리카 부족의 장례식이 떠오른다. 가장 화려한 옷을 입고 맛있는 음식을 먹으며 음악과 춤으로 망자를 배웅한다. 내 장례식도 먼 길 잘 가라고 축원하는 잔칫집 분위기 같으면 좋겠다.

사랑하는 내 딸 수빈과 경진아! 난 How long live보다 How to live가 중요하단다. 아빠가 불쌍하게 살다 갔다고 생각한다면 검은 옷을 입고 슬퍼해라. 잘 살다가 갔다고 생각하면 가장 멋진 옷을 입고 맛난 음식을 나누며 웃으며 보내기 바란다. 아빠의 마음과 바람을 이해하고 따라주면 좋겠다.

신발끈을 다시 매다

복용하는 약이 얼마 남지 않아 아침에 가보로네 시내에 있는 병원에 가서 처방전을 받았다. 한국에서 받아온 것과 같은 성분의 약 이름을 몇 자 적어주고 25,000원을 받는다. 약 값도 해구신 가격만큼 비싸다. 의료보험이 안 되니 어쩔 수 없다. 처방전을 받고 약을 구입하는 건 신발 끈을 다시 매는 것이다. 낙타의 등에 물통을 잔뜩 싣는 것이다. 먼 여정을 떠날 채비를 하는 것이다.

노마드에겐 럭셔리한 침대와 산해진미가 어울리지 않는다. 사막과 돌산과 초원을 그리워한다. 내 남은 시간을 안락하게 살고 싶지 않다. 자유로운 영혼으로 유랑하며 살고 싶다.

오늘은 광복절이다. 빛을 되찾은 날이다. 나는 매일 매일 길을 걸으며 내 인생의 광복을 선언하고 만세를 부를 것이다. 혼자인 것을 슬퍼하지 말자. 혼자라도 즐겁게 살자. 걷다가 죽자!

노마드는 유목민이다

오래 머물렀던 보츠와나를 떠날 시간이다. 101번째 여행 국가가 될 나미비아에 대한 기대나 설렘은 별로 없다. 대신 보츠와나와 이별하는 아쉬움이 더 크다. 보츠와나의 수도 가보로네는 헤어나기 힘든 꿀동굴이었다. 한국보다 더 한국적인 사람들과 친숙한 일상의 분위기에 푹 빠졌다. 정이 넘치는 곳이다. 교민들은 분에 넘칠 정도의 환대를 베풀어주었다. 특히 조남연 후배와 충청도 부여 싸나이 정선재 한인회장의 배려와 베풂은 평생 잊지 못할 것이다. 제대로 사람 여행을 했다. 내가 아프리카를 여행하러 온 게 아니라 마치 친지 방문을 하러 온 것 같은 착각에 빠질 정도였다.

골프도 일 년치를 몰아서 친 듯하다. 솔직히 말해 안락한 환경을 버리고 떠나는 게 아쉽기는 하다. 안전하지도 않고 열악한 환경뿐인 미지의 나라들을 향해 떠나고 싶은 마음이 선뜻 나지 않는다. 쾌적한 환경과 맛난 한식에 길들어진 탓이다. 유목민이 아니라 정착민처럼 되어버렸다. 하지만 나는 안다. 낯선 곳이 익숙해지면 떠날 때라는

★ 크게일 힐(Kgale Hill). 동네 뒷산 가듯 쉽게 올라갈 수 있는데, 가보로네에서 가장 높은 산이다.

것을. 그게 노마드의 삶이다.

발길 따라 인연 따라

나미비아는 〈꽃보다 청춘〉 방영 이후 유명세를 탔다. 비싼 비용과 형편없는 여행 인프라에도 불구하고 아프리카 여행의 필수 코스로 자리매김했다. 인터넷에 꼭 가봐야 할 '나미비아 위시리스트'가 공유되고, 한국인의 필수 관광 코스가 지도와 도표로 올라와 있다. 투어 정보가 넘친다.

갈등이 생겼다. '나도 저걸 따라 해야 하나? 붉은 사막에 가서 사진은 하나 박아줘야 하는 게 아닐까?' 그냥 다 생략하고 대서양과 사막이 만나는 스바코프문트나 월비스 베이에서 한가하고 여유롭게 지내고 싶기도 했다.

나미비아로 출발하기 전날 밤에는 잠을 설쳤다. 나미비아 여행을 마치고 나면 이후에 어디로 갈 것인지를 아직 결정하지 못했기 때문이다. 내가 생각해도 어처구니가 없다. 하지만 이미 9개월 동안 'No Idea No Plan'으로 잘 다녔다. 나는 바람 따라가는 베가본드다. 거창하게 '퀴바디스(Quo Vadis, 주여 어디로 가시나이까?)'를 외칠 필요도 없다. 내일 일은 내일 생각하기로 했다. 다시 깊은 잠에 빠졌다.

나미비아 첫날,
눈썹 휘날리게 달리다

가보로네를 출발해서 남아공의 요하네스버그에서 환승할 때 여유 시간이 부족해서 진땀을 뺐다. 1시간 40분 동안에 열일했다.

입국 수속을 받고 나와 짐을 찾아서 터미널 B로 달렸다. 자가 환승을 해야 하기 때문에 내가 직접 짐을 찾아서 다시 부치고 티켓도 새로 받아야 한다. 에어링크 항공사 창구로 가서 발권하고 수하물 가방을 다시 보냈다. 그리고 나서 또다시 출국장까지 단거리 경주를 펼쳤다. 직원은 적고 출국자는 장사진을 이루고 있었다. 검색대를 통과하는 데만 30분이 넘게 걸렸다. 출국 심사장 대기줄도 꼬불꼬불 길게 늘어서 있다. 속이 바싹바싹 타들어갔다. 스탬프를 받고 나니 출발시간 15분 전이다. 오늘은 달리는 날이다.

눈썹이 휘날리도록 탑승 게이트를 향해 달렸다. '우쒸, 왜 이렇게 먼 거야?' 헉헉대며 탑승 게이트에 도착했더니 직원이 냉정하게 보딩이 끝났다고 말한다. 가쁜 숨을 내뿜으며 검색대와 이미그레이션 상황을 설명했다. "플리즈! 플리즈!!" 통화를 하더니 보딩 게이트를 닫기 직전이라며 빨리 뛰어가란다. 티켓과 여권을 받아들고 발바닥에 불이 나도록 내달렸다. 아슬아슬하게 슬라이딩 터치 성공! 어쨌든 비행기를 탔다. 그럼 된 거지! 갑자기 배가 고프다. 피곤한데 눈이 말똥말똥하다.

나미비아 빈트후크 공항에 도착하니 깜깜한 밤이다. 늘 하던 대로 ATM에서 현지 돈을 출금하고 현지 유심을 사서 인터넷 개통하고 나오니 여기서도 내가 맨 꼴찌다. 다행히 바가지 흥정에 시간 뺏기지 않고 바로 택시를 잡아타고 숙소로 날아왔다. 수영장 옆 바에서 샌드위치와 맥주 한 병으로 허기진 배를 달래주었다.

다음 날 아침에 시내를 걸어서 돌아보려고 일단 워킹 시티 투어를 신청했다. 갑자기 부지런해졌다. 이런 내가 신통방통하다.

선베드에 누워서 빈둥빈둥

아침부터 서둘러 나가 워킹 시티 투어를 했다. 작열하는 태양을 제대로 맛봤다. 나미비아의 수도 빈트후크는 아프리카에 대한 선입견과 편견을 또다시 깨부수게 해주는 예쁜 도시다.

다음 날은 하루 종일 숙소 밖으로 한 발짝도 나가지 않았다. 수영장 선베드에 누워 빈둥거렸다. 인터넷도 하고 낮잠도 푸짐하게 잘 잤다. 어제 그제 빡세게 달렸기에 오늘 하루는 아무것도 하지 않고 푹 쉬었더니 몸이 한결 가뿐해졌다. 나는 원래 아무리 몸이 아파도 누워

★ 빈트후크에는 독일 식민지시대 건축물이 많다.

있지 못하는 체질이다. 그런데 오랜만에 두문불출하고도 잘 지냈다.

숙소에 독일 여행자들이 많다. 여기저기서 강한 악센트의 독일어가 들려온다. 과거에 나미비아가 독일 식민지였기 때문인 듯하다. 나보다 세 살 더 많은 독일 할배를 만나 객담을 나누었다.

나는 커피를 마시고 그는 맥주를 마셨다. 나는 머리를 스포츠로 짧게 깎았는데 그는 하얀 머리와 수염을 도인처럼 길게 길렀다. 나는 홀로 여행자인데 그는 대가족을 이끌고 온 여행자다. 나는 나미비아가 처음인데 그는 매년 온다. 나는 여러 나라를 여행하는데 그는 같은 나라만 여행한다.

나이가 많은 건 똑같지만 사는 법은 다르다. 여행을 통해 사람들이 사는 방식이 제각각 다름을 배운다. 더불어 여러 가지 생각을 하게 된다. 그는 아내와 아들딸 그리고 손주들까지 10명이 넘는 가족과 함께 와서 하루 종일 수영장에서만 논다. 많이 부러웠다.

하늘을 바라보니 달이 밝게 떠 있다. 그리고 보니 추석 전야다. 아

★ 도심의 부시맨. 영화 〈부시맨〉의 원작지가 나미비아다. 2차 대전 때 '사막의 여우'라는 별명이 붙을 정도로 초기 아프리카 전투에서 명성을 떨친 독일 전차 군단 지휘관 롬멜 원수가 타고 다녔을 것 같은 차량이 눈길을 끈다.

★ 빈트후크 시내는 아프리카 같지 않다. 깔끔하고 개성 있는 건물들이 들어서 있다.

프리카의 달이나 한국의 달이나 똑같이 두둥실하다. 딸에게 보이스톡을 하니 자다 깨서 졸린 목소리로 받는다. 목소리를 듣는 걸로 추석 땜을 했다.

노마드는
추석에 낙타를 탄다

낙타 타고 확 달려봐?

난 은퇴 후에는 추석을 집에서 보낸 적이 거의 없다. 여행을 했다. 이번 추석은 아프리카 남서부에 붙어 있는 나미비아의 대서양 연안 도시인 스바코프문트에서 맞았다. 도시만 보면 아프리카가 아니라 독일의 어느 작은 도시에 온 것 같은 착각이 들 정도로 예쁘고 깨끗하다. 첫인상부터 마음에 꼭 든다. 추석날 아침에는 숙소 식당에서 나온 조식을 놓고 묵상으로 차례를 대신했다.

도착한 다음 날 바닷가와 시내를 돌아보고 와서 바로 숙소를 일주일 연장했다. 그러고 나서 나미브 사막과 대서양이 만나는 환상적인 풍경을 보러 나섰다.

사막(desert)의 어원은 '버려진 땅'이라는 라틴어 'desertum'에서 비롯됐다. 낙타를 탄 대상들은 생존을 위해 온갖 위험을 무릅쓰고 황량한 사막을 건너 무역으로 동서양을 연결했다. 그러나 지금은 그 버려

★ 대서양과 나미브 사막의 만남

★ 낙타 타고 콧노래 부르기

진 땅에서 석유, 다이아몬드, 철, 우라늄 등이 나와 풍요로운 땅으로 바뀌었다.

나도 나미브 사막에서 낙타를 타보기로 했다. 낙타는 말보다 훨씬 높다. 뚜벅뚜벅 천천히 걷고 많이 흔들리지만 멀리 보였다. 오래전, 쿠웨이트에 갔을 때 낙타를 타고 사진을 찍어본 적은 있지만 실제로 사막을 건너는 경험을 해본 건 이번이 처음이다. 요거 해보니 엄청 신난다. 사막을 달려보고 싶어졌다.

액티비티에 확 끌렸다. 낙타를 타고 와서 그 자리에서 스카이 다이브, 샌드 보딩(모래 썰매)과 쿼드바이크(사륜구동차) 어드벤처를 예약했다. 예전에는 액티비티를 거의 하지 않았었다. 이젠 더 나이 먹기 전에 해보자로 바뀌었다. 모든 게 새롭고 흥미롭다. 나의 추석도 한 해 한 해 더 새로워지기를 바란다. 추석에 낙타를 타고 혼자서 콧노래를 불렀다.

"월말이면 월급 타서 로프를 사고 / 연말이면 적금 타서 낙타를 사자 /
그래 그렇게 산에 오르고 / 그래 그렇게 사막에 가자 / 멋진 내 친구야
빠뜨리지 마 / 한 다스의 연필과 노트 한 권도"

- 목로주점 중에서

자신감 과잉에 온몸이 욱씬욱씬

나미비아 여행의 콘셉트를 사막 구경이 아니라 사막 액티비티로
정했다. 한 놈만 제대로 패보자고 작정했다. 사막 액티비티에 깊이
빠졌다. 용기와 도전 의식이 솟구쳤다. 모험을 통해 충만감을 느끼며
자신감을 회복했다. 평생에 처음으로 가장 역동적이고 흥분되는 순
간들을 만끽했다.

낙타를 탄 다음 날 쿼드바이크를 탔다. 나미비아 청춘들 5명과 한
팀이 되니 더 에너지가 넘쳤다. 함성을 지르는 청춘들과 함께 사막을
흠뻑 즐겼다. 꺼져버린 줄 알았던 열정이 되살아났다.

그다음엔 샌드 보딩을 탔다. 사막 모래 언덕에서 썰매 타기, 왠지
폼 나고 멋있을 것 같았다. 어린 시절에 눈이 내리면 썰매를 탔던 추
억이 떠올라서 자신 있게 도전했는데, 막상 타보니 운동 강도가 장난
이 아니다. 경사진 모래 언덕을 내려오려면 상체를 바짝 들어올려야
한다. 발이나 손으로 브레이크를 잘 걸어서 균형을 잡아야 하는데 생
각보다 쉽지 않다.

내려오는 건 순식간인데 걸어 올라가는 건 꽤나 힘이 든다. 그래
도 미끄러져 내려올 때의 쾌감은 말로 다 표현하기가 어려울 정도다.

★ 한국인, 독일인, 네덜란드인 함께 모여 사막에서 축배! 해변을 거니는 사막여우

★ 샌드 보딩 타기. 샌드위치 하버는 대서양과 나미브 사막이 만나는 사구 지역이다. 모랫길이 단단해 4×4 오프로드 차가 달릴 수 있다. 샌드위치 하버라는 지명은 샌드위치라는 선명의 영국 배가 난파했던 장소라서 붙여진 이름이다.

★ 4×4 오프로드 차를 타고 지그재그로 오르락내리락 멀미 나게 달린다.

일본인 청년 3명과 독일인 가족이 함께했다. 청춘들은 지치지 않고
탔다. 독일인 가족은 처음부터 바로 정상까지 올라가 정상에서 한참
을 놀면서 즐겼다. 애들과 강아지도 함께 오른다. 그리고 한 번 타고
미련 없이 끝냈다. 쿨하다. 난 본전 생각해서 힘들어도 계속 탔다….
평소 운동을 게을리한 탓에 나중에 온몸이 욱씬욱씬했다.

　낙타 타기, 퀴드바이크 질주, 샌드 보딩 즐기기, 4×4 오프로드 차
타고 사막 언덕에서 롤러코스터 타기, 사막에서의 근사한 오찬, 사막
에서 사는 생물 관찰하기 등등. 그리고 12,000피트 상공에서 사막으

★ 나미비아 청춘들과 한 팀이 되어 쿼드바이크 즐기기

로 점프하는 스카이다이빙까지… 해보고 싶은 건 다해봤다.

오늘이 내 인생의 가장 청춘이기에 신나고 행복하게 즐겼다. 현재는 선물이다. 오늘에 감사하며 즐겁게 살자를 말만이 아닌 행동으로 실천했다. 나는 사막 액티비티를 통해 '죽는 순간까지 늘 청춘의 마음으로 살 수 있을 것 같다'는 자신감을 얻었다.

나미브 사막을 향해
스카이다이빙을 하다

가슴이 벅차오른다. 맙소사! 12,000피트 상공에서 아프리카의 사막으로 뛰어내리다니! 나이 70에 내 버킷 리스트 중 첫 번째였던 스카이다이빙을 하다니 이게 꿈이야 생시야?

비행기가 목표 고도에 도달할 때까지는 담담했다. 심호흡을 크게 하면서 마음속으로 외쳤다. 'I believe, I can do, I can fly!' 점프하기 직전의 짧은 순간에 두려움이 느껴졌다. 비행기 문이 열리고 점프 자세를 잡고 앉아 하늘과 사막을 바라보는 순간 심장과 머리는 멎어버렸다. 오케이! 운명을 믿자. 운명에 맡겨 버리자. 오늘은 슈퍼맨이 되어보자. 뛰어내리고 나서 보조 낙하산을 펴기 전까지는 자유 낙하를 한다. 거센 바람이 악마가 울부짖는 소리를 내며 나를 몰아붙인다.

나는 손짓과 발짓으로 춤을 추었다. 강풍에 손과 발이 밀려 제대로 움직여지지 않았지만 온 힘을 다해 흔들었다. '나는 자유를 갈구하는 빠삐용이다. 나는 절망을 모르는 조르바다.' 온몸에 짜릿한 전

★ 나미비아 스바코프문트에서 나미브 사막을 향해 뛰어내리다.

율이 흘렀다. 심장이 쿵쾅쿵쾅 뛰고 맥박이 팔딱팔딱 뛰는 소리를 들었다. 온몸의 신경세포가 살아서 내달리는 소리도 들었다. 기압 때문에 얼굴이 일그러지고, 팔뚝의 핏줄이 터질 듯 팽창하며 튀어나올 것 같았다. 일그러지고 터져버려도 좋다. 난 지금 최고로 행복하니까.

보조 낙하산이 퍼지자 강하 속도가 줄어들었다. 여유가 생겨 카메라를 향해 손가락으로 브이를 날리고 엄지척을 보냈다. '내가 해냈구나!' 하는 안도감과 함께 성취감이 밀려왔다. 잠시 뒤 주 낙하산이 퍼지자 낙하 속도가 줄면서 갑자기 천지가 고요해졌다. 기압도 바람도 나에게 따뜻하게 미소 지으며 부드럽게 입을 맞춘다. 세상이 잔잔하고 평화로워졌다. 이대로 계속 날고 싶다, 춤추고 싶다, 감미로운 꿈을 꾸고 싶다는 생각이 들었다.

눈 아래 펼쳐진 사막 풍경과 손 흔드는 사람들이 제대로 보였다. 상공을 좌로 돌고 우로 돌면서 최대한 체공 시간을 늘리며 즐겼다. 나보다 나중에 점프한 팀이 벌써 지상에 내려서 나를 구경하고 있었다. 내가 너무 오버하고 있는 게 아닌가 하는 생각이 들었다. 갑자기 속이 울렁거리며 하늘 멀미가 느껴졌지만 바로 착지하고 싶지는 않았다. 그래도 여행의 끝이 집으로 돌아가는 것이듯이, 다이빙의 끝은 땅에 내려앉는 것이 아니더냐. 아쉬움을 달래며 미끄러지듯이 하강해 착지점에 사뿐히 내렸다. 하이파이브와 요란한 박수 세리머니를 받았다. 내 평생에 가장 흥분되고 보람 있고 뜻깊은 날이었다. 핏줄이 솟아오르고 얼굴이 일그러질 때 참 묘하게도 쾌감이 느껴졌다. 건강하게 살아 있음이 기적이고 은총임을 새삼 느꼈다.

나미비아를 즐기는
세 가지 방법

논픽션을 픽션으로 만들지 마라

인터넷을 검색하면 나미비아에 가면 해봐야 할 위시리스트가 한 장으로 깔끔하게 잘 정리되어 있다.

- 소서스블레이(Sossusvlei, 붉은 사막)에 해 뜰 때 가서 인생샷 건지기
- 에토샤 국립공원 사파리, 피시 리버 캐년 인증샷
- 스바코프문트의 샌드위치 하버에서 어드벤처 해보기
- 왈비스 베이에서의 돌핀 크루즈와 물개나 펠리컨 만나기

일주일 동안에 나미비아만 돌아보고 귀국하는 비싼 패키지 투어가 성황인 걸 보면 인기가 장난이 아닌 듯하다. 요런 식으로 하면 나미비아는 7일 만에 완전 정복이 가능하다. 시간이 없고 바쁘니까. 마치 에펠탑, 피라미드, 자유의 여신상, 우유니 사막, 마추픽추 앞에서

★ 붉은 사막 투어 차량

인증샷만 찍고 구경 다 했다고 바쁘게 떠나는 거랑 비슷하다. 그런데 다녀온 사람들의 기념사진을 보면 배경은 똑같고 사람만 다르다. 심지어는 복장, 소품, 포즈, 카메라 앵글까지도 똑같다. 자기만의 여행 콘셉트나 특성이 없다. 카메라를 들이대는 순간 논픽션은 사라지고 픽션이 된다. 연출과 설정으로 분칠이 되면 민낯은 사라지고 만다.

젊은 서양 여행자들은 자유롭고 개성 있는 여행을 주로 한다. 그들은 웃으며 "우린 젊어서 베이비시터가 필요 없거든요"라고 말했다. 패키지여행 가이드를 따라다니는 건 은퇴한 노인들뿐이다. 나미비아가 아프리카이긴 하지만 여행 비용은 깜짝 놀랄 만큼 비싸다. 대중교통 연결이 잘 안 되어 있고, 아직까지는 주로 유럽인, 특히 독일인들이 많아서 그들은 체감 고물가에 별로 개의치 않기 때문이다. 유럽 물가에 비하면 훨씬 싸다고 느끼는 것 같다.

나미비아를 여행하는 방법은 세 가지다.

첫째, 현지 패키지에 조인하기. 붉은 사막 2박 3일에 약 100만 원, 에토샤 국립공원 3박 4일에 약 120만 원 정도다. 모든 여행사들이 경쟁하지 않고 카르텔처럼 비슷한 가격을 받는다.

둘째, 차를 렌트해서 돌아보기. 나미비아의 렌트 비용은 후덜덜할 정도로 비싸다. 디파짓도 잘 안 돌려주는 경우가 많다. 도로 사정이 좋지 않아 사고로 인한 차량 파손 가능성도 높다. 만약 아프리카 여러 나라를 여행할 계획이라면 남쪽에서부터 시작하는 게 좋다. 남아공에서 렌트해서 북상하며 종단 여행을 하는 방법이 가성비가 가장 높다. 남아공 렌터카 비용은 아프리카 국가 중에 가장 저렴하다.

셋째, 남아공에서 시작하는 트럭킹 이용하기. 트럭을 사파리 버스로 개조해서 아프리카 여러 나라 핫플들을 골라서 간다. 500만 원 이상 목돈이 들긴 하지만 나미비아에서 시작하는 것보다는 가성비가 좋다. 식사와 잠자리까지 제공한다. 코스별로 기간별로 다양한 상품들이 있다.

나만의 방식으로 붉은 사막을 만나다

나미비아 여행의 하이라이트는 사막이다. 나미브 사막은 지구상에서 가장 오래전에 형성됐다. 서쪽의 대서양과 사막이 나란히 맞닿아 이어져서 독특한 풍광을 자랑한다. 소서스블레이(붉은 사막)가 핫플

★ 다양하게 즐기는 붉은 사막

이다. 이곳 사막의 색깔이 특이하게도 붉은색이다. 붉은색 사막은 모래 속에 철 성분이 5% 정도 함유되어 있는데 햇살과 바람에 산화되면서 독특한 색으로 변한 것이다.

사진을 찍으면 환상적인 분위기가 연출된다. 여행자들은 인생샷을 찍기 위해 보통 2박 3일의 여정에 돈과 시간을 투자한다. 그러나 실제로 보니 감탄할 정도는 아니었다. 사진이 훨씬 예쁘게 나온다. 참고로 세계 최대 규모의 붉은 사막은 미국 와이오밍주에 있고, 세계에서 가장 아름다운 붉은 사막은 아라비아반도 끝자락 오만에 있는 와히바 사막이다.

빈트후크에서 소서스블레이까지는 360km 거리다. 6시간 정도 달려야 하는데 비포장도로가 70%가량 된다. 일반적으로 첫날은 롯지에서 쉰다. 다음 날 해 뜨는 걸 보기 위해서다. 둘째 날은 하이라이트

인 일출 감상을 하고 듄45, 데드블레이, 빅대디 등을 돌아본다. 밤에는 하늘을 가득 채운 별을 감상하고 숙소에서 잔다. 셋째 날은 여유롭게 빈트후크로 돌아간다.

나는 빈트후크가 아니라 스바코프문트에서 출발해서 다시 원점으로 돌아왔다. 400km가 넘는 거리였다. 대부분 비포장도로인 데다 중간중간 구경하느라 10시간 이상 걸렸다. 여행사를 통하지 않고 택시를 대절해서 다녀왔는데 비용과 시간을 절약할 수 있어서 좋았다. 택시는 낡고 좁았고 쿠션도 없어서 천장에 머리가 부딪칠 정도였다. 창문을 닫아도 흙먼지가 스며들어 와 쉴 때마다 먼지 털어내기 바빴다. 그래도 운전기사는 경치가 멋진 곳에서 차를 세워 사진을 찍고 구경을 하라고 배려해주었다. 먼 길이라서 힘도 들었지만 재미와 보람은 더 컸다. 나만의 방식으로 붉은 사막을 만나고 온 게 뿌듯하다.

태초의 모습을 간직한
오카방고 델타

쫄면 안 돼!

나미비아에서의 18일이 눈 깜짝할 새에 지나갔다. 나미비아 여행의 콘셉트는 '사막 100배 즐기기'였다. 사막이랑 제대로 한바탕 신나게 놀았다. 그동안 아프리카 12개(몇 년 전에 갔던 모로코 포함) 나라를 여행했는데 그중에서 나미비아가 가장 재미있었다.

이제 보츠와나 북쪽의 작은 도시 마운으로 간다. 마운에 가는 건 순전히 '오카방고 델타'를 보기 위함이다. 액티비티는 없지만 '모코로(Mocoro)'라는 작은 통나무배를 타고 습지를 따라 흘러가보고 싶다.

나미비아 빈트후크 스에토 마켓 정류장에서 출발하는 장거리 미니버스를 타고 국경을 넘었다. 810km를 무려 13시간 동안 달려 마운에 도착했다. 버스 요금은 약 64,000원이고 중간에 세 번 휴게소에 정차한다. 오후 1시에 빈트후크를 출발해서 다음 날 새벽 2시에 마운에 도착한다. 중간에 KFC 치킨 박스를 저녁으로 제공하는데 먹

★ 국경을 넘는 장거리 미니버스. 16인승 봉고차 스타일이다. 보츠와나 입국 수속 사무실

을 만하다.

운행하는 내내 비트풍 음악을 계속 크게 틀어주는데 그런대로 참고 들을 만했다. 진짜 힘든 건 테이프를 틀어놓은 듯이 쉬지 않고 큰 소리로 떠드는 짐바브웨 승객들의 목소리였다. 강렬한 음악 소리와 큰 목소리가 뒤섞이니 고주파 소음 고문을 당하는 기분이 들 정도였다. 버스는 매주 토요일 딱 한 번 운행한다. 보츠와나의 마운을 경유해서 짐바브웨의 수도 하라레까지 간다. 3개 나라를 통과하는 국제버스다. 오랜만에 국경 통과 버스를 탔는데 소음 공해 빼고는 크게 힘들거나 불편하지는 않았다.

제일 어려웠던 건 마운에 도착한 게 심야 시간이라서 숙소를 찾는 일이었다. 마운 시내의 주유소 앞에서 내려주는데 어디가 어딘지 도무지 알 수가 없었다. 도와주겠다고 다가와 말을 거는데 전혀 믿음이 안 가는 인상들이었다. 유심이 없으니 구글맵을 볼 수도 없었다.

주유하러 들어온 택시 기사를 붙잡고 숙소 이름을 알려주고 가자고 했더니 위치를 모른다는 거다. 나중에 알고 보니 새로 생긴 곳이라 다른 택시 기사들도 잘 몰랐던 거였다. 숙소에 전화를 걸어봤지만 받지를 않았다. 낯선 도시에서 깜깜한 밤중에 캐리어를 끌고 혼자서 이동할 수는 없는 일이다. 24시간 영업하는 주유소에서 날이 밝기를 기다려야 할 판이었다.

주변의 모든 시선들이 나에게 쏠리고 있음을 느꼈다. 이럴 때 쫄면 안 된다. 아랫배에 힘을 주고 짐짓 여유 있는 표정을 지었다. 택시 기사에게 요금을 후하게 줄 테니 어떻게든 전화 연결을 하거나 위치를 알아보라고 했다. 새벽 3시가 넘어서 통화가 됐다. 도착해서 짐을 내리니 16,000원을 달라고 했다. 원래는 2,000원이 나오는 거리다. 나는 보츠와나에 세 번째 왔다. 터무니없는 바가지요금이라는 걸 알지만 웃으면서 주었다. 깜깜한 한밤중에 무사히 숙소에 도착했으니 오히려 감사하다고 생각했다.

자고 일어나니 하루 종일 피곤했다. 몸이 힘들었다기보다는 심야에 도착해서 신경이 곤두섰다가 긴장이 풀어진 탓 같았다. 모코로를 타고 원데이 투어를 하려던 계획은 다음 날로 미뤘다. 오늘 하루는 무조건 쉬기로 했다. 힘들고 어려운 순간을 잘 넘긴 후의 안도감을 즐겼다.

통나무배 타고 에덴동산으로

다음 날 여행사를 통해 오카방고 델타 투어를 했다. 캐나다인 노부부와 한 팀이 되어 재미있고 보람찬 시간을 보냈다. 보통은 차량을 이용해 모코로 선착장으로 이동한다. 우리 팀은 모터보트로 50분

★ 오카방고 델타의 다양한 모습

정도를 이동해 모코로 선착장으로 갔다. 오카방고강의 다양한 모습을 볼 수 있어 좋았다. 선착장에서 시작되는 습지는 모터보트가 들어갈 수 없다. 모코로를 갈아타고 들어가야 한다.

모코로는 통나무의 가운데를 파내서 만든, 카누처럼 생긴 선체가 낮고 작은 배다. 사공이 긴 장대로 강 바닥을 밀어 얕은 강과 수초를 가르며 나아간다. 보통 승객 2명에 사공 1명이 탄다. 요즈음은 통나무 대신 그라스파이버로 만든 배도 제법 많다.

오카방고는 '결코 바다를 만나지 못하는 강'이라는 뜻을 갖고 있다. 델타는 이 강에 퇴적층이 쌓여 만들어진 삼각주다. 오카방고강은 앙골라에서부터 시작되어 1,600km를 흘러내리다가 보츠와나의 칼라하리 사막에 막혀 땅속으로 스며들어 끝이 난다. 오카방고 델타는 세계에서 가장 큰 내륙 삼각주다. 강물이 실핏줄처럼 퍼져 있어 수심이 얕은 곳이 많다.

갈대와 연꽃 등 수초가 무성하다.

모코로를 타고 강을 따라 느리게 흘러가며 코끼리와 얼룩말을 비롯한 동물들이 한가롭게 먹이를 먹는 풍경을 보노라면 에덴동산에 온 기분이 든다. 수많은 하마가 무리 지어 떠 있었다. 코끼리는 가까이 다가가도 개의치 않고 코로 물을 퍼서 몸에 뿌리며 피서 중이었다. 희귀종으로 지정된 새들이 춤추듯 날아가는 모습은 장관이었다.

수면 위로 햇살이 반짝이며 부서지고 연꽃이 아름답게 피어 있고 사방은 적막하다. 시원한 바람이 불어온다. 물의 흐름이 전혀 느껴지지 않는다. 미끄러지듯 수초를 가르며 나아가는 모코로에 앉아 있노라니 스르르 눈이 감긴다. 마음이 평온해지면서 저절로 명상 모드에 빠져든다. 기후 변화를 초래하는 지구의 환경 파괴가 심각한 시대에 이런 습지가 남아 있다는 게 신기할 정도다. 그나마 세계 습지 보호 협약인 람사르 협약에 의해 잘 보존되고 있어 다행이다.

사공들은 강물을 손으로 떠서 목을 축였다. 그냥 먹어도 아무 탈이 없는 깨끗한 물이라고 웃으며 설명했다. 건강한 자연과 인간의 모습이 보기 좋았다. 태초의 모습을 그대로 간직하고 있는 드넓은 습지를 보면서 힘들게 먼 길을 찾아오길 잘했다는 생각이 들었다.

오카방고 델타를 마지막으로 아프리카 여행이 끝났다.

2021년 12월 8일 두 번째 세계 여행을 떠났다. 1년 9개월간 27개 국을 돌아봤다. 그중 260일간 이집트, 케냐, 에티오피아, 탄자니아, 우간다, 르완다, 잠비아, 짐바브웨, 남아프리카공화국, 보츠와나, 나미비아 등 아프리카 11개 나라를 여행했다. 다른 사람들에 비하면 비교적 널널하게 다닌 셈이다. 휘리릭 후다닥 여행이 아니라 느린 여행을 하고 싶었다. 동물의 왕국도 좋지만 까만 보석 같은 사람들이 사는 삶의 현장을 보고 싶었다.

아프리카 여행 후 제법 단단해졌다. 쓴맛도 나름 괜찮아졌다. 어떤 환경에도 불편해하지 않고 적응할 수 있게 됐다. 감사와 긍정의 마음이 유랑을 편하게 만들었다. 계획이 없어도 마음 가는 대로 발길 따라 걸었더니 실패나 낭패가 뭔지도 모르겠더라. 어딜 가도 세상과 소통할 수 있었다.

혼자서도 뽕 맞은 듯 즐길 수 있었다. 남들은 다 안 될 거라 얘기했는데 70세는 지구별 유랑하기 딱 좋은 나이더라. 아프리카에서 생경한 것들과 마주하고, 다양한 액티비티를 즐겼지만 역시 가장 기쁘고 기억에 남는 건 좋은 사람과의 만남이었다. 혼자 떠나도 반드시 인연 따라 만나게 된다.

슬픔은 간직하는 게 아니라 털어내는 것이 낫더라. 행복이란 자기가 하고 싶은 지랄을 다 해보는 것이다. 왕년은 개뿔이다. 'Present'가 최고다. '오늘' 그리고 '선물'이라는 두 가지 뜻을 동시에 갖는 이유를 알았다. 좋은 잠자리나 맛난 음식이 나를 건강하게 만드는 게 아니라 그냥 머리 비우고 걷다 보니 건강해졌다. 영혼도 덩달아 자유로워졌다.

현지인들이 나를 보고 낯설어하고 신기해했지만, 며칠 어슬렁거리며 지내다 보니 바로 익숙해졌다. 이방인으로 살아보는 것도 나쁘지 않지만 현지인처럼 살아보는 건 훨씬 더 좋았다. 구체적인 계획이 없이 떠난 베가본드의 유랑도 무척이나 행복했다. 인생이 별거 아니더라. 조금 긴 여행이고 소풍이더라.

이번 여행을 통해 아프리카에 대한 선입견, 오해, 편견 등 잘못 알고 있는 게 너무 많다는 걸 깨달았다. 미디어를 통해 만들어진 아프리카에 대한 이미지는 장님이 코끼리 다리 만지기를 하는 거랑 다를 바가 없었다.

난 우물 안 개구리였다. 수십 년 전에 보고 듣고 경험하고 배운 지식으로 세상을 산다면 결국 구닥다리를 벗어나지 못하겠구나 하는 생각이 들었다. 여행은 서서 하는 독서고, 걸으면서 하는 공부라는 말이 딱 맞는 것 같다. 앞으로도 여행을 계속해야 하는 이유를 사막에서 깨달았다. 사막을 100배 즐긴 것에 감사한다. 나의 무모함과 똘끼에도 감사한다. 잘 버텨준 내 몸뚱이에도 감사한다.

Life of Africa

아프리카가 코로나19의 빗장을 풀기로 했다는 반가운 소식을 듣자마자 바로 이집트로 달려갔다. 다른 나라들은 아직 개방을 준비 중인 상태였고 이집트가 제일 먼저 개방을 시작했다.

1월 20일~4월 22일(92일간) 이집트

이집트에 이어 다른 아프리카 나라들도 코비드의 빗장을 풀 준비를 하고 있다는 뉴스를 보고 희망에 부풀었다. 어서 빨리 풀리기를 기다리면서 겨울철에도 따뜻한 다합에서 보냈다. 다합은 시나이반도의 홍해 연안 끝자락에 있는 스쿠버다이빙의 명소이자 장기 배낭여행자의 블랙홀이다. 이곳에서 아프리카 여행을 위한 정보를 얻었고 동행자도 만났다. 딸이 한국에서 와서 함께 피라미드와 스핑크스, 룩소르, 아스완, 아부심벨, 후르가다 등지를 여행하기도 했다.

4월 22일~5월 6일(14일간) 케냐

다합에서 만난 거레와 연주랑 같이 케냐로 떠나 2주일 동안 케냐 구석구석을 돌아보았다. 동물의 왕국인 마사이마라 사파리, 초식동물의 천국인 나쿠루 국립공원 사파리, 영화 〈라이온 킹〉의 무대인 헬스 게이트, 영화 〈아웃 오브 아프리카〉의 촬영지인 크레센트섬, 고래와 스쿠버다이빙 그리고 바오밥나무로 유명한 몸바사의 와시니 국립공원 등을 알뜰히 즐겼다.

5월 6일~5월 16일(10일간) 에티오피아

케냐에서 바로 내려가지 않고 북쪽에 있는 에티오피아로 갔다. 아프리카를 종단하고 싶었기에 이집트와 케냐의 중간에 있는 에티오피아를 빼먹을 수는 없다고 생각했기 때문이다. 열흘 동안 아디스아바바에서만 지냈다. 한국전쟁 참전용사 기념공원에 가서 추모하고 감사드렸다.

커피의 고향에서 1일 3커피 하며 제대로 커피를 즐겼고. 현지인들의 커피 세리머니에도 참가하여 오리지널 세리머니를 체험했다. 커피 여행이 콘셉트였다. 흥미 있는 정보를 살짝 공개하자면 에티오피아에는 나오미 킴벨 동생같이 생긴 미인들이 많아서 눈이 호사했었다.

5월 16일~5월 29일(13일간) 잔지바르섬의 스톤타운, 한가한 어촌 능귀

영화 〈보헤미안 랩소디〉의 주인공이자 천재 보컬리스트인 프레디 머큐리의 생가를 찾아가서 추모하고 그의 열정을 다시 느꼈다. 노예수용소에 가서 노예 사냥의 야만적 역사를 보고 슬퍼했다. 바닷가에서 하루 종일 펼쳐지는 현지 청춘들의 막다이빙과 야시장의 먹거리 장터도 좋았다. 수백 년 전에 만들어진 골목길을 헤매고 다니는 경험도 재미있었다.

능귀에서는 태고의 모습을 그대로 간직한 쪽빛 바다와 하얀 모래

밭에 푹 빠져 지냈다. 새벽 해변에 나가 팔뚝만 한 싱싱한 생선을 배에서 내려 들고 해변으로 걸어 나오는 어부의 모습에서 활력과 기를 받았다.

5월 29일~6월 3일(5일간) 탄자니아

킬리만자로는 헤밍웨이의 소설 《킬리만자로의 눈》을 읽고 감명을 받아 꼭 가보고 싶었던 곳이었는데, 내내 역수 같은 비가 내려서 제대로 된 트레킹을 못해서 아쉬웠다. 그나마 반나절의 짧은 시간이었지만 킬리만자로 자락길을 걸었기에 아쉬움을 달랠 수 있었다. 게다가 못된 현지인 녀석들을 만나 잠깐이지만 강제 구금되는 해프닝도 있었지만 지나고 나니 미소 지어지는 추억이 되었다.

원래는 탄자니아 다음에 잠비아로 갈 예정이었는데 장마 때문에 킬리만자로의 게스트하우스에서 처박혀 지내며 검색하다 맘이 바뀌어 우간다로 기수를 돌렸다. 덕분에 아프리카 종단 루트를 제대로 다 돌아볼 수 있게 되었다. 제대로 힐링했다.

6월 3일~6월 15일(12일간) 우간다

내가 우간다를 가보고 싶어한 이유는 너무 엉뚱하고 소소하다. 영화 〈엔테베 작전〉의 무대가 바로 우간다의 수도 캄팔라에 있는 엔테베 국제 공항이다. 영화광이었던 나는 그곳에 가보고 싶었다. 또 하나 궁금했던 건 영화에서 우스꽝스런 모습으로 나왔던 이디 아민 대통령이었다.

막상 가보니 수고해서 찾아갈 만한 가치가 사라지고 말았다. 진짜 좋았던 건 태고의 생태계를 그대로 간직하고 있는 부뇨니 호수의 섬에서 지내며 원시 그대로의 자연과 생활을 체험한 것이다.

6월 15일~6월 22일(7일간) 르완다

제노사이드 추모 박물관에서 눈물을 참으며 마음 아파했다. 그러나 종족 대학살의 비극을 딛고 다른 아프리카 국가보다 훨씬 발전하고 있는 모습에 놀랐다.

다른 아프리카 국가와는 달리 교통질서가 잘 지켜지고 도로나 건물들이 잘 정비되어 있고 깔끔한 현재를 보며 희망을 느꼈다. 물가가 싸고 삶의 질이 높은 나라였다. 아프리카에 대한 선입견과 편견이 무너졌다.

6월 22일~7월 9일(17일간) 잠비아와 짐바브웨

헬기를 타고 빅토리아폭포와 잠베지강을 하늘에서 내려다보던 순간이 가장 기억에 남는다. 급성장염에 걸려 혼자서 죽을 끓여 먹으며 고생했었다. 다행히 회복되었지만 아프리카 여행 중 몸이 최고로 고달팠기에 기억에 남는다.

7월 9일~7월 20일(11일간) 보츠와나 가보로네

교민의 환대를 받으며 보냈다. 거의 매일 바비큐를 흡입하며 목살과 뱃살이 두꺼워졌다. 골프를 치고 등산을 하고 그라운드에서 걸으며 체력을 키웠다. 아프리카 여행의 베이스캠프였다.

7월 20일~7월 29일(9일간) 남아공 케이프타운

남아공은 나의 100번째 여행국이었다. 케이프타운에서 본 테이블 마운틴, 희망봉, 토카라 와이너리, 물개와 펭귄 서식지, 워터 프런트 등이 기억에 남는다. 남아공은 2023년에 세계에서 가장 위험한 나라 1위에 올랐다. 남아공을 여행할 계획이라면 안전에 각별히 유의해야 한다.

7월 29일~9월 6일(39일간) 다시 보츠와나

두 번째 보츠와나 방문이다. 매일 잘 먹고 운동하고 글 쓰며 제법 알차게 보냈다.

9월 6일~9월 22일(16일간) 나미비아의 빈트후크와 스바코프문트

스카이다이빙, 낙타와 말 타기, 쿼드바이크, 샌드 보딩, 사막 어드벤처, 듄45, 붉은 사막 등정 등 액티비티에 몰두했다.

9월 22일~10월 6일(15일간) 또다시 보츠와나

세 번째 오게 된 보츠와나의 마운에서는 8일간 머물렀다. 카누같이 생긴 전통 배인 모코로를 타고 오카방고 델타 습지를 누비면서 원초적인 자연의 아름다움에 경외감을 느꼈다. 수도인 가보로네에서 6일간을 더 지내며 '아웃 오브 아프리카' 이후의 여행을 준비했다.

보츠와나는 세 번이나 방문해서 총 64일을 지냈다. 나에게 보츠와나는 아프리카가 아니라 코프리카(KO-FRICA)였다. 아프리카 여행 중 대접을 받으며 가장 편하고 즐겁게 지냈던 나라다.

Out of Africa

2022년 1월 20일부터 10월 6일까지 260일간 아프리카에 머물렀다. 이후 아프리카를 떠나 2022년 10월 8일 튀르키예에 도착해서 6개월 반 동안 15개 나라를 더 여행했다. 2023년 4월 20일에 한국으로 돌아왔다. 2023년 6월 7일 다시 한국을 떠나 몽골로 갔다.

몽골에서 아프리카 여행기를 썼다. 매일 울란바트로의 카페에서 힙프리카(HIP-FRICA)를 추억하며 몽(夢)프리카 여행기를 쓰는 시간이 넘 행복하고 즐거웠다. 다시 가고 싶다, 아프리카.